动物源抗菌肽

胡建和　杭柏林　徐彦召　孙亚伟　主编

科　学　出　版　社

北　京

内 容 简 介

本书主要介绍了抗菌肽的基本理论和多种不同动物源抗菌肽。全书内容主要包括总论和各论两大部分。总论部分主要包括抗菌肽概述、抗菌肽的作用机制、抗菌肽的研究方法；各论部分主要包括猪、牛、羊、禽类、蚕、蜂、水产动物、两栖动物等动物源的抗菌肽。

本书可作为国内动物科学专业、动物医学专业、生命科学专业、动物学专业、食品科学专业等相关专业的大专院校和科研院所的学生与教师的学习材料；同时对饲料企业、兽药企业、食品添加剂企业等相关单位的项目研发人员来说也是一本有益的案头书。

图书在版编目(CIP)数据

动物源抗菌肽 / 胡建和等主编. —北京：科学出版社，2015.2

ISBN 978-7-03-043367-1

Ⅰ. ①动… Ⅱ. ①胡… Ⅲ. ①肽抗生素–研究 Ⅳ. ①Q516

中国版本图书馆CIP数据核字(2015)第030377号

责任编辑：李秀伟 岳漫宇 / 责任校对：彭 涛
责任印制：徐晓晨 / 封面设计：北京图阅盛世文化传媒有限公司

科学出版社 出版
北京东黄城根北街 16 号
邮政编码：100717
http://www.sciencep.com
北京凌奇印刷有限责任公司印刷
科学出版社发行 各地新华书店经销
*
2015 年 2 月第 一 版 开本：720 × 1000 1/16
2025 年 1 月第七次印刷 印张：9 5/8
字数：178 000

定价：68.00 元

（如有印装质量问题，我社负责调换）

本书为国家自然科学基金(31372469)、河南省科技创新杰出青年基金(104100510024)、河南科技学院2012年度重大培育项目(2012ZD06)资助项目。

《动物源抗菌肽》编写人员

主　编：胡建和　杭柏林　徐彦召　孙亚伟

副主编：王　兰　王　青　李　杰

编　委：（以姓氏笔画为序）

王　兰　王　青　王秋霞　刘兴友

齐永华　孙亚伟　李　杰　杨雪峰

张庆华　杭柏林　尚田田　郑玉姝

赵志雨　胡建和　徐彦召　董永军

魏晓晓

前 言

人类的进化史也是人类与病原微生物进行斗争的历史。在这个战斗中，人类利用自己的聪明才智维护着人类的健康。约公元前3000年，人们就已经会使用某些食用真菌[如桦剥管菌(*Piptoporus betulinus*)]来治疗毛首鞭型线虫和结核分枝杆菌的感染。1928年，弗莱明发现了青霉素，并基于这个伟大发现而获得了1945年诺贝尔生理学或医学奖。此后，其他多种类型的抗生素也被相继发现。抗生素的广泛应用使得许多既往难以治愈的传染性疾病得到了有效的控制。在当今社会，绝大多数抗生素及化学合成药仍被广泛使用，在人类与病原微生物的斗争中发挥着巨大作用。

随着时代的变迁、病原微生物的不断进化、生态环境的改变及抗生素的非正常使用，虽然世界科学技术在不断进步，但是在人类与病原微生物的斗争中，病原微生物似乎占据了上风，因为其变得越来越多样、越来越难被驯服，如细菌耐药谱的不断变化和一些超级耐药细菌的出现，使得人类在治疗这些病原引起的疾病时变得束手无策。如今，曾经较为有效的药物达菲在治疗某些变异流感病毒(如高致病性禽流感病毒H7N9亚型)引起的疾病时却毫无效果，曾经较为有用的一些猪蓝耳病疫苗也无法预防新基因型的猪蓝耳病病毒感染。同时，还有很多的病原微生物如人类免疫缺陷病毒(HIV)和禽白血病病毒(ALV)仍在肆无忌惮地危害着人类和禽类的生命，但却没有很好的药物和(或)疫苗用于治疗或预防。

问题提出之后，总有解决的方法。人们在比较了众多的抗病原微生物的制剂和(或)天然物质后发现抗菌肽具有很多的优越性，同时认为抗菌肽是未来抗病原微生物的主要理想药剂。抗菌肽(antimicrobial peptide，AMP)存在于多种生物体内，是宿主免疫防御系统的一个重要组成部分。它具有耐酸碱、对热稳定、广谱抗菌、抗病毒甚至抗肿瘤等特点。而且，在使用抗菌肽作为药物进行抗感染治疗时，病原基本上很少产生针对抗菌肽的耐药性。随着研究的不断深入，抗菌肽的研究数据不断积累，抗菌肽研究逐渐从幼稚走向成熟，为防治人类和动物疾病带来新的革命。基于抗菌肽研究具有理论意义和巨大的应用价值，我们深信抗菌肽将在人类和动物疾病防治领域占据重要地位，因为能产生良好的社会效益和生态效益，以及巨大的经济效益。关于抗菌肽的相关研究成果将给生物医药领域带来一场“绿色革命”。

动物(包括陆生动物和水生动物)物种资源非常丰富。据此有理由相信，动物体内分布的抗菌肽在种类上亦是相当丰富的。到目前为止，各国科学家已经在不同的动物体内发现了2000多种抗菌肽(并且还在不断增加)，而且一些抗菌肽已经在生产实践中得到了应用，并取得了不错的成绩。因此，我们广泛搜集了国内外的期刊论文、书籍、专利和网站数据库后对动物源抗菌肽的知识进行了梳理、概括、总结和提高，汇总成本书的内容。本书的主要内容包括总论部分和各论部分。总论部分主要讲述了抗菌肽的研究历史、作用机制和研究方法。各论部分主要讲述不同动物源的抗菌肽的一些生物学特性及其在生产实践中的应用。本书内容全面，理论联系实际，是一本有实际应用价值的书籍。本书既可以作为生命科学和医药学研究人员的参考书，也可以作为广大动物养殖高层人员的案头书，同时也可以作为大专院校相关专业的教学用书。我们深信，本书的出版为丰富我国抗感染药物的理论、推广抗菌肽知识、提高人类和动物的健康水平尽一份绵薄之力。

在本书中，有些抗菌肽名称是用英文表示的，主要是因为有的还没有中文名称，有的虽然已有中文名称，但是将其翻译为中文的时候总觉得不够贴近英文原有的意思，仍然保留英文用法。在本书的编写过程中，我们参考了大量的文献，在此，本书的全体编写人员向文献的原作者和版权持有者致以最衷心的谢意。同时，由于编写人员的水平有限，加之新方法和新技术的不断产生，新观念和新思路的不断涌现，书中难免存在一些遗漏和不妥之处，我们恳请有关专家和广大读者批评指正，在此，我们向您致以诚挚的谢意。

编　者

2014年10月

目　　录

前言
第一章　抗菌肽概述……1
第一节　抗菌肽的研究简史……1
第二节　抗菌肽的分类……3
第三节　抗菌肽的理化性质……9
第四节　抗菌肽的结构特征……9
参考文献……11
第二章　抗菌肽的作用机制……12
第一节　抗菌肽的抗菌作用机制……12
第二节　抗菌肽的抗病毒作用机制……16
第三节　抗菌肽的抗寄生虫作用机制……17
第四节　抗菌肽的抗肿瘤和抗癌作用机制……18
第五节　抗菌肽的免疫调节作用机制……19
第六节　影响抗菌肽作用的因素……20
第七节　抗菌肽作用机制与抗生素的差异……24
第八节　抗菌肽的耐药性……25
参考文献……26
第三章　抗菌肽的研究方法……28
第一节　抗菌肽的人工提取……28
第二节　抗菌肽的人工合成……30
第三节　基因工程抗菌肽的研究方法……32
第四节　转抗菌肽基因生物……38
第五节　抗菌肽的人工改造与设计……40
第六节　抗菌肽活性检测方法……42
第六节　抗菌肽数据库简介……45
参考文献……47
第四章　猪源抗菌肽……50
第一节　猪源抗菌肽的类型……50
第二节　猪源抗菌肽的抗菌活性……53
第三节　猪源抗菌肽的制备……55

第四节 猪源抗菌肽的应用 …… 55
参考文献 …… 57
第五章 牛源抗菌肽 …… 59
第一节 牛源抗菌肽的类型 …… 59
第二节 牛源抗菌肽的基因工程简介 …… 63
第三节 牛源抗菌肽转基因生物简介 …… 64
参考文献 …… 65
第六章 羊源抗菌肽 …… 67
第一节 羊源抗菌肽的类型 …… 67
第二节 羊源抗菌肽的基因工程简介 …… 70
第三节 羊源抗菌肽的应用 …… 70
参考文献 …… 71
第七章 禽源抗菌肽 …… 73
第一节 禽源抗菌肽概述 …… 73
第二节 鸡源抗菌肽 …… 76
第三节 鸭源抗菌肽 …… 80
第四节 鹅源抗菌肽 …… 83
第五节 鸵鸟源抗菌肽 …… 85
第六节 鹌鹑源抗菌肽 …… 86
第七节 鸽源抗菌肽 …… 87
第八节 企鹅源抗菌肽 …… 87
参考文献 …… 87
第八章 蚕源抗菌肽 …… 90
第一节 蚕源抗菌肽的分类 …… 90
第二节 蚕源抗菌肽的基因工程简介 …… 94
第三节 蚕源抗菌肽的临床应用 …… 95
参考文献 …… 98
第九章 蜜蜂源抗菌肽 …… 101
第一节 蜜蜂源抗菌肽 …… 101
第二节 蜜蜂源抗菌肽的进化 …… 102
参考文献 …… 103
第十章 水产动物源抗菌肽 …… 104
第一节 水产动物源抗菌肽的来源与结构 …… 104
第二节 鱼类抗菌肽 …… 105
第三节 水生甲壳动物源抗菌肽 …… 107

第四节　水生软体动物源抗菌肽……111
第五节　水产动物源抗菌肽的基因工程简介……113
参考文献……114
第十一章　两栖动物源抗菌肽……117
第一节　两栖动物源抗菌肽的分类……117
第二节　两栖动物源抗菌肽的生物学活性……118
第三节　两栖动物源抗菌肽举例……119
第四节　两栖动物源抗菌肽的临床应用……126
参考文献……126
第十二章　其他动物源抗菌肽……129
第一节　兔源抗菌肽……129
第二节　鹿源抗菌肽……130
第三节　鳄鱼源抗菌肽……130
第四节　家蝇源抗菌肽……131
第五节　蚯蚓源抗菌肽……134
第六节　蛇源抗菌肽……134
第七节　骆驼源抗菌肽……135
参考文献……135
第十三章　动物源抗菌肽的展望……138
第一节　存在的问题……138
第二节　解决途径……139
参考文献……140

第一章　抗菌肽概述

抗菌肽(antimicrobial peptide，AMP)，又称抗微生物肽或宿主防御肽(host defensive peptide，HDP)，是自然界生物体内广泛存在的小分子多肽，具有抵抗外源病原体感染的活性，是宿主天然免疫系统的重要组成部分。抗菌肽广泛分布于动物、植物和人的体内，同时因其高活性、低毒性、抗菌谱广和低耐药性等特点而成为抗生素替代品的后起之秀。

起初分离的抗菌活性多肽对细菌具有广谱、高效的抗菌活性，被人们称为“antibacterial peptide，ABP”，中文译为抗细菌肽，简称抗菌肽。但是，随着研究的深入，人们发现抗菌肽还具有抗病毒、抗真菌、抗寄生虫、抗癌细胞、免疫调节等功能，故将这类活性多肽称为“peptide antibiotics”，中文译为多肽抗生素或肽抗生素。“肽抗生素”较好地概括了这类活性多肽的功能特征，被多数学者所推崇。在国内，各种期刊文章中关于这类活性多肽均称为抗菌肽。同时，在国外的期刊和书籍等文献中，抗菌肽的英文为“antimicrobial peptide，AMP”。因此，为了与国际接轨，本书将抗菌肽的英文译为“antimicrobial peptide，AMP”。

第一节　抗菌肽的研究简史

一、寻找抗生素替代品的必然性

自 20 世纪 40 年代第一个抗生素——青霉素被发现后，人类迎来了治疗传染病的曙光。随着研究的深入和临床的需要，人类又相继开发了多种抗菌药物。这些抗菌药物在治疗人类和动物疾病方面作出了不可磨灭的历史贡献。

但是，由于抗生素的广泛使用，临床上不断出现耐药菌甚至多重耐药菌，使得细菌性疾病的预防和治疗成为一大难题。这已引起了科学家的广泛关注。目前，这个问题越来越严重，已经成为治疗感染性疾病的最大障碍。据报道，耐药菌引起的医院感染人数已达到住院感染患者总人数的 30%左右。近年来，细菌的耐药性和耐药谱仍在以惊人的速度增长和扩展。特别是具有多药物抗性(multidrug resistance，MDR)的超级细菌在世界范围内的相继出现，严重威胁着人类和动物的生命安全与健康。因此，人类迫切需要开发新抗生素来解决细菌的耐药性问题。人类开始对传统抗生素进行改造以降低耐药性，并不断开发新型抗生素。然而，新抗生素的研发速度远远跟不上耐药菌的出现速度，而且新抗生素的开发不仅花费高，还需要经过漫长临床试验的验证。另外，从 2006 年 1 月开始，欧盟全面禁止食品动物使用抗生素类促生长饲料添加剂。在这种形势下，寻找具有安全、有效及不易产生耐药性的抗生素替代物成为必然选择。

在寻找抗生素替代物的过程中，人们逐渐把目光投向抗菌肽，认为抗菌肽有望成为传统抗生素的替代物。因为，抗菌肽的作用机制完全不同于传统抗生素，其能杀死耐药菌及其突变株，而且在使用过程中不易形成具有耐药性的突变株。再者，抗菌肽在使用过程中无不良作用。因此，对抗菌肽的研究成为必然趋势。20 世纪 90 年代以来，对抗菌肽的研究、开发和利用一直是国际生物医学界关注的热点之一。

二、抗菌肽研究简况

1922 年，Flaming（弗莱明）在急性鼻炎患者的鼻腔分泌物中分离出一种具有杀菌功能的溶菌酶，是首次在人体内分离的可溶性抗菌物质（朱钧萍等，2013）。1939 年，Dubos 从芽胞杆菌的培养上清中发现了短杆菌肽（gramicidin），对革兰阳性菌具有极强的杀伤作用，这个短杆菌肽后来被证实是一种由 L-型及 D-型氨基酸交替组成的 *N*-甲酰化多肽，是首个明确一级结构的抗菌肽（朱钧萍等，2013）。1962 年，国外科学家在研究蟾蜍的皮肤分泌物时，发现了一种未知的可以抗菌的物质，经分析是一种肽类物质。1963 年，首次从酿酒酵母中发现嗜杀毒素。1972 年，瑞典科学家 Boman 等在惜古比天蚕（*Hyalophora cecropia*）中发现了一类肽类物质，称为天蚕素（cecropin），并确定了天蚕素 A 和天蚕素 B 的一级结构顺序（Boman，1995）。此后，人们又相继在细菌、真菌、两栖动物、哺乳动物、植物和人类中发现并分离得到了相似的抗菌肽类物质，并称为抗菌肽（antimicrobial peptide，AMP）。Lee 等（1997）从柄海鞘（*Styela clava*）的血细胞中分离得到的 clavanin 是 α 螺旋抗菌肽的典型代表。clavanin 含有 1~2 个 α 螺旋结构，不含半胱氨酸残基，其抗菌活性很高，对哺乳动物无细胞毒性。杜卫等（2000）利用 RP-HPLC 从栉孔扇贝中分离得到 4 个小分子多肽。

到目前为止，已经鉴定出来 2000 多种抗菌肽，并且每年都以很高的速度增长。这些抗菌肽来自脊椎动物、无脊椎动物、微生物和人类。据统计，在所发现的抗菌肽中，绝大多数为阳离子型抗菌肽，这些阳离子型抗菌肽具有广谱的抗微生物活性，包括抗细菌、抗真菌、抗寄生虫、抗病毒、抗肿瘤等。

随着科学界对抗菌肽研究的不断深入，人们发现抗菌肽是自然界长期进化而来的，存在于很多生物体内的一种天然物质，具有非特异性抗病原微生物作用、天然免疫调节作用和其他多种生物活性功能，是生物非特异性免疫防御系统的一个重要组成部分，是一种天然抗病因子。随着对抗菌肽作用与功能研究和发现的增多，也有将抗菌肽重新命名为“抗微生物肽”、“防御素”和“宿主防御肽”的情况。

近几年来，抗菌肽的研究在理论和应用上不断得到拓展，抗菌肽的高效广谱抗病原微生物作用和对提高动物免疫力的显著作用，得到了实验室及临床使用的大量验证。目前，Genarea 公司的 Pexiganan 已用于治疗糖尿病足部溃疡，Xoma 公司开发的 XMP.629 和 Neuprex 分别用于治疗痤疮、脑膜炎，这几个抗菌肽均已通过临床III期试验。抗菌肽的优越性能显示了其巨大的应用前景。

但是，常态下动物体内抗菌肽的含量极低，分离提取难度极高，仅适合实验室研究使用，无法大规模工业化生产，高昂的天然抗菌肽获得成本制约了抗菌肽的实际应用。而通过基因工程技术进行抗菌肽的大规模表达，获得效价高、性能稳定的抗菌肽产品是一条切实可行的途径。

第二节　抗菌肽的分类

一、根据抗菌肽结构与氨基酸序列分类

1. β 折叠抗菌肽

β 折叠型抗菌肽具有反平行的 β 折叠结构，在分子内含有 2~6 个二硫键，二硫键存在于两个构成 β 折叠的肽段之间，起到稳定抗菌肽结构的作用，也有助于抗菌肽穿过细胞膜，但对抗菌肽的抗菌活性没有影响[图 1-1(a)]。利用 X 射线晶体衍射研究人中性粒细胞中分离到的防御素(HNP-2)的结构时发现，在晶体状态下，防御素是以二聚体形式存在的，每个单体都有 3 股反平行的 β 折叠片以二硫键连接，不对称的 2 个单体分子紧密靠近，并与二次旋转轴对称。

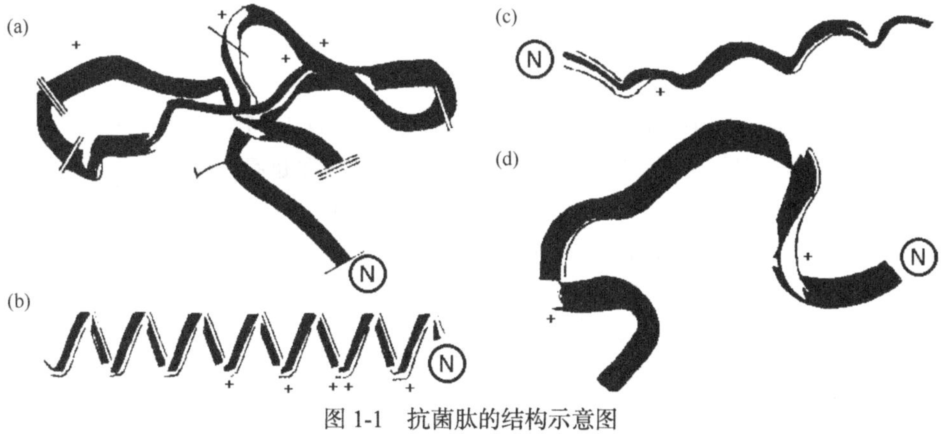

图 1-1　抗菌肽的结构示意图

(a) β 折叠结构；(b) α 螺旋结构；(c) 伸展螺旋结构；(d) 环状结构

具代表性的β折叠型抗菌肽是鲎素，它是从日本鲎红细胞中提取的，由17~18个氨基酸残基组成，在残基3~8和16~11之间构成反平行β折叠结构，残基3和16及7和12之间形成两个二硫键。

动物防御素也是β折叠型抗菌肽。β-防御素广泛存在于不同的上皮组织中，可能参与上皮和黏膜的抗感染防御。

2. α螺旋抗菌肽

α螺旋抗菌肽含有一个跨膜的α螺旋结构[图1-1(b)]，这个跨膜的α螺旋结构自身或者螺旋结构聚合体介导抗菌肽诱发细菌内容物的泄漏，使细胞死亡。在螺旋结构中间含有小的弯曲。α螺旋抗菌肽不含半胱氨酸，不形成分子内二硫键，N端富含亲水性碱性氨基酸残基，如赖氨酸和精氨酸，所带正电荷有利于与细菌膜上的酸性磷脂头负电荷作用而吸附到细菌膜上，C端含较多的疏水性氨基酸残基，疏水性的尾部有利于抗菌肽插入细菌膜的双层脂质膜中。分子的两端各形成一个两亲性α螺旋，2个α螺旋之间有甘氨酸和脯氨酸形成的铰链区，这种α螺旋是破坏、裂解细菌的主要结构，当抗菌肽结合到细菌细胞膜上时，α螺旋相互聚集使细胞膜形成孔洞，细胞质外溢而致细菌死亡。

这类抗菌肽的代表是magainin(根据读音翻译为“马盖宁”；其他译名还有爪蟾抗菌肽、蛙皮素，容易使人混淆，故后文均使用英文表示)，它是从蟾蜍皮肤中分离得到的，由23个氨基酸残基组成，其中在12及13位氨基酸残基附近出现一个弯曲结构。在目前发现的所有的抗菌肽中，α螺旋抗菌肽的数量是最多的。

3. 伸展螺旋型抗菌肽

这类抗菌肽的氨基酸序列中不含半胱氨酸，但富含脯氨酸、精氨酸、色氨酸和甘氨酸，一般含有15~34个氨基酸残基[图1-1(c)]，在两性分子内部形成分子内的α螺旋，不含取代基结构，含有糖基化位点，这些位点与其生物功能密切相关。这类抗菌肽主要通过肽与膜脂间的氢键或范德华力，而不是残基间的氢键来发挥抗菌作用。

从牛中性粒细胞中分离的indolicidin抗菌肽只含有13个氨基酸残基，其中包含5个色氨酸，它们位于多肽结构的中心，对抗菌活性起着关键的作用。另外，蜂毒肽(melittin)富含甘氨酸。从蜜蜂体内分离到的蜜蜂源抗菌肽(apidaecin)中脯氨酸和精氨酸的含量分别高达33%和17%。昆虫防御素首先从肉蝇中分离得到，当时认为与哺乳动物的防御素具有高度同源性而命名为昆虫防御素(insect defensin)。但后来的研究表明，昆虫防御素与哺乳动物防御素二硫键的连接方式，以及三维空间构型是截然不同的。

4. 具环状结构型抗菌肽

这类抗菌肽在C端有一个分子内二硫键，形成一个环链结构，而N端则为线状结构[图1-1(d)]。这一类抗菌肽有较强的抗菌活性。

青蛙皮肤细胞产生的 brevinin 和牛的抗菌肽 bactenecin 均属于此类。但是，牛中性粒细胞分泌的 bactenecin 是在分子的中部形成一个环链，两端有 1 或 2 个游离的残基。

5. 无规则结构的抗菌肽

这类抗菌肽的结构与规则的 α 螺旋或 β 折叠不同，呈现无规则卷曲，富含一个或多个特殊氨基酸，有的呈伸展螺旋状。例如，从凡纳滨对虾血细胞中分离的 penaeidin（一种类型的对虾肽）富含脯氨酸，这些脯氨酸无规则地排列，形成一个无规则的卷曲结构。

二、根据是否为天然来源分

1. 天然来源抗菌肽

从生物体内分离到的抗菌肽为天然来源抗菌肽。迄今，科学家已经从细菌、真菌、高等植物、昆虫、两栖动物、软体动物、甲壳动物、鱼类、鸟类、哺乳动物乃至人类中分离出上千种抗菌肽，这些都是天然来源的抗菌肽，产量极低。

2. 合成抗菌肽

通过化学合成技术或基因工程技术获得的抗菌肽属于合成抗菌肽。这类抗菌肽比天然抗菌肽的活性高、稳定性强和抑菌谱广。

三、根据电荷分

按照抗菌肽分子表面的电荷的不同，主要将抗菌肽分为阳离子抗菌肽和阴离子抗菌肽。

1. 阳离子抗菌肽

阳离子抗菌肽在抗菌肽中占绝大多数。不同多肽的精氨酸和赖氨酸的数目不同，但至少有一个净的二价正电荷。阳离子多肽在正常 pH 条件下均带有正电荷。阳离子抗菌肽如 LL-37、cecropin、magainin、凡纳滨对虾抗菌肽 penaeidin-1~penaeidin-3 等。

2. 阴离子抗菌肽

阴离子抗菌肽在抗菌肽中为数不多，在生理 pH 条件下带负电荷，如从细角滨对虾血浆中分离的 PsHct1 和 PsHct2，以及羊呼吸道组织中的表面活性物质相关阴离子抗菌肽（surfactant-associated anionic peptide，SAAP）。

四、根据来源物种分

1. 微生物源抗菌肽

这类抗菌肽能杀死或抑制竞争菌，对抗菌肽产生者自身却无害，主要包括细菌素、酵母嗜杀毒素和病毒源抗菌肽。

细菌素　革兰阳性菌和革兰阴性菌均可产生细菌素。革兰阴性的肠杆菌科中的某些细菌可产生一种称为小菌素的抗菌肽。目前已发现20多种小菌素，其分子质量通常低于5kU，结构紧密，具有良好的热稳定性，需要特定细胞表面受体才能进入细胞，以发挥其功能。根据作用机制，将小菌素分为三类：抑制代谢酶的A类、阻止DNA复制的B类和抑制细胞能量产生的D类。革兰阳性菌产生的细菌素主要包括乳酸菌细菌素和非乳酸菌细菌素。乳酸菌细菌素主要有两类：线型阳离子肽(如乳酸链球菌素)，比较常见；小环形电中性肽(如肉桂霉素)，少见。非乳酸菌细菌素也主要有两类：小型疏水的热稳定性肽(分子质量＜13kU)和大型热不稳定性肽(分子质量＞30kU)。非乳酸菌细菌素不含羊毛硫酸铵，疏水，热稳定，分子质量为3.7~6.3kU。主要由乳杆菌科的乳酸菌如米酒乳杆菌、植物乳杆菌和嗜酸乳杆菌等产生。另外，杆菌肽、短杆菌肽S、多黏菌素E等也是细菌素。目前，在APD数据库中收录的细菌素至少有100多种。

酵母嗜杀毒素　由嗜杀的酵母菌株分泌的肽或蛋白质类物质，酿酒酵母、假丝酵母属、隐球菌属、德巴利酵母属、汉逊酵母属、克鲁维酵母属、毕赤酵母属和圆酵母属中的菌株可分泌嗜杀毒素。在偏酸性条件下，嗜杀毒素具有活性。嗜杀菌株对自身分泌的毒素具有免疫性，但对其他嗜杀毒素敏感。在应用时，将产嗜杀毒素的酵母菌株加到发酵原料中，通过在发酵过程中分泌嗜杀毒素而抑制或杀灭污染的酵母。陈玉娟等(2007)从一株青霉菌中分离到一种抗菌肽AF2对金黄色葡萄球菌(*Staphylococcus aureus*)有很好的抗菌活性。

病毒源抗菌肽　病毒源抗菌肽具有抗微生物和溶解细胞的活性。最早发现于人Ⅰ型免疫缺陷病毒(HIV-Ⅰ)和其他病毒的跨膜蛋白中。

2. 植物源抗菌肽

植物中存在一些结构上与昆虫天蚕素和哺乳动物防御素结构相似的植物抗菌肽，称为植物防御素。最早从植物中分离到的抗菌肽是硫素(thionin)，可抑制细菌和真菌，但对酵母及哺乳动物细胞有毒害作用。

3. 动物源抗菌肽

两栖动物源抗菌肽　目前，已从世界600多种两栖动物的皮肤中分离出100多种抗菌肽。Chen等(2007)发现产婆蟾肽、雨蛙肽、爪蛙肽、叶水蛙肽等青蛙和蟾蜍皮肤的粒状腺体内存在抗菌肽，并在肾上腺激素、应激、外伤等因素刺激下释放。两栖动物源抗菌肽具有广谱的抑菌活性。

甲壳动物源抗菌肽　目前发现的甲壳动物源抗菌肽主要有：penaeidin家族抗菌肽、crustin类抗菌肽、来自血蓝蛋白的抗菌肽。相对于陆地节肢动物而言，虽然对这类抗菌肽的研究较少，但是已有的研究表明，这类抗菌肽具有抗真菌和广谱抗细菌功能，以及独特的作用机制，极有可能成为抗病毒、抗细菌及抗肿瘤药物的新来源。

软体动物源抗菌肽　从栉孔扇贝中分离的扇贝多肽(polypeptide from *Chlamys farreri*，PCF)是一种具有生物活性的小分子水溶性八肽，其分子质量为800~1000Da。从贻贝等海洋软体动物分离的抗菌肽是重要抗微生物肽。根据一级结构、性质的不同，贻贝的抗菌肽可以分为4种：贻贝防御素(defensin)、贻贝肽(myticin)、贻贝素(mytilin)和贻贝霉素(mytimycin)，均为小分子肽。毛文君等(1996)研究表明，贻贝肽可抑制移植性肿瘤生长，延长小鼠存活时间。

鱼类抗菌肽　鱼类抗菌肽的数目和种类繁多，从鲤鱼体表黏液、虹蹲、丁鲷及鳗鲡皮肤黏液中均可分离到抗菌肽。不同鱼类的抗菌肽在分子结构和作用机制上有较大差异。已有的鱼类抗菌肽在氨基酸序列上同源性不大，但都存在着如分子带正电，含有较多精氨酸、赖氨酸和疏水氨基酸，以及可折叠成α螺旋等共性特征。

哺乳动物源抗菌肽　这类抗菌肽广泛存在于中性粒细胞的颗粒、黏膜或皮肤上皮细胞分泌物中。主要包括防御素、cathelicidin和铁调素(hepcidin)。防御素(defensin)主要有α-防御素和β-防御素，都有3个二硫键和稳定的β折叠结构，但在氨基酸数量、Cys的连接位置及各自的保守序列、N端与C端空间上的距离、体内分布等方面有区别。α-防御素由29~35个氨基酸残基组成，存在于人、猴和某些啮齿类动物的嗜碱性粒细胞和巨噬细胞中。β-防御素由38~42个氨基酸残基组成，表达于器官的被覆上皮，在呼吸道的自身防御中起重要作用。cathelicidin是N端有一段cathelin结构域而C端含有高度特异的成熟肽段的一类抗菌肽。猪的protegrin、绵羊的SMAP-29、牛的BMAP-27和BMAP-28等都是中性粒细胞中含有的cathelicidin。铁调素是一类富含半胱氨酸、具有二硫键、性质独特的多肽。Krause等(2000)从人血液中分离纯化了一条多肽，称为肝脏表达的抗菌多肽(liver expressed antimicrobial peptide，LEAP-1)，后来被证明是铁调素。

节肢动物源抗菌肽　昆虫抗菌肽是节肢动物中研究的最多的抗菌肽，在自然界中广泛存在。昆虫抗菌肽是昆虫在受到刺激或感染后由昆虫血淋巴产生的一类具广谱抗菌活性的多肽类物质。从昆虫中获得的抗菌肽数量很多，目前已经发现有200多种昆虫抗菌肽。根据结构特点，可将昆虫抗菌肽分为四类：①以天蚕素为代表的不含半胱氨酸残基的抗菌肽，现在已经从鳞翅目的蛾类、蝴蝶及双翅目的蝇类中分离纯化出20多种天蚕素类似物，天蚕素具有广谱的对真菌和细菌的抗菌活性；②以防御素、死亡素为代表的富含半胱氨酸残基的碱性多肽；③以从双翅目昆虫中分离得到的双翅肽、攻击素、麻蝇毒素等为代表的富含甘氨酸残基的抗菌肽；④以从膜翅目昆虫中发现的蜜蜂肽等为代表的富含脯氨酸残基的抗菌肽。

禽源抗菌肽　禽类品种丰富，含有的抗菌肽也较多。目前，已经从鸡、鸭、鹅、火鸡、鸵鸟、鹌鹑和企鹅等禽类动物体内分离鉴定到许多生物活性多样的抗菌肽。鸡源抗菌肽主要有β-防御素、cathelicidin和抗微生物肽（LEAP-2）。鸭源抗菌肽主要有AvBD2、AvBD9和AvBD10。鹅源抗菌肽主要有AvBD3、AvBD5和AvBD10。鸵鸟源抗菌肽主要从白细胞和皮肤中分离得到。鹌鹑源抗菌肽主要有AvBD5和AvBD10。企鹅源抗菌肽主要来自企鹅的胃内容物。

五、根据作用对象分

抗菌肽可以对多种类型的微生物具有不同程度的拮抗活性。根据微生物类型的不同，可以将抗菌肽人为分为以下几类。

1. 抗细菌肽

对细菌具有较好拮抗活性的抗菌肽称为抗细菌肽。这一类抗菌肽的种类和数量最多。不同的抗菌肽对革兰阳性或革兰阴性细菌有不同力度的抗菌活性。部分抗细菌肽也还同时具有抗真菌或抗病毒或抗寄生虫或抗肿瘤的活性。

2. 抗病毒肽

对病毒具有较好拮抗活性的抗菌肽称为抗病毒肽。关于这类抗菌肽的报道不多。就目前已知的抗病毒肽主要是针对有囊膜的病毒有拮抗活性，如蜂毒肽可抑制鼠反转录病毒、单纯疱疹病毒、人免疫缺陷病毒等。

3. 抗真菌肽

对真菌具有较好拮抗活性的抗菌肽称为抗真菌肽。关于抗真菌肽的研究也不多。在一些水生动物如对虾中存在着一些抗真菌肽，如分离自细角滨对虾的PsHct1和PsHct2。

4. 抗寄生虫肽

对寄生虫具有较好拮抗活性的抗菌肽称为抗寄生虫肽。这类抗菌肽也比较少。某些抗细菌肽可同时具有抗寄生虫的活性，如天蚕素抗菌肽D。

5. 抗肿瘤/癌肽

对肿瘤细胞或癌细胞具有较好拮抗活性的抗菌肽称为抗肿瘤/癌肽，如来自蚕类的CM4。

六、根据合成部位分

根据合成部位不同，抗菌肽主要可分为两大类：核糖体合成抗菌肽，如人防御素-1（human defensin-1）、乳链菌肽（bacterial nisin）和天蚕素A（cecropin A）等；非核糖体合成抗菌肽，如多黏菌素B（polymyxin B）、杆菌肽（bacitracin）、短杆菌肽S（gramicidin S）等。

第三节　抗菌肽的理化性质

一、抗菌肽的物理性质

(1) 分子质量较小。抗菌肽通常是由 6~50 个氨基酸残基组成，目前还发现了具有抗菌活性的二肽和三肽。

(2) 水溶性好。抗菌肽一般在液体状态下发挥杀菌作用，具有较高的溶解度。

(3) 热稳定性好。加热甚至是高温高压处理对抗菌肽的抗菌活性影响不大，一般在 100℃下加热 10~30min 仍能保持其活性，可耐受饲料制粒的高温过程。而新疆家蚕源抗菌肽在 100℃加热 8h，其抗菌活力不变。

(4) 带电荷。抗菌肽结构中赖氨酸、精氨酸等碱性氨基酸的存在使得抗菌肽的等电点大于 7，表现出一定的阳离子特征，可以与两性分子或电负性分子结合，与细菌细胞膜发生作用。同时，对较大的离子强度和 pH 均具有较强的耐受性。

(5) 抗水解。有些抗菌肽可抵抗胰蛋白酶或胃蛋白酶的水解，使其可在动物体内完整地发挥作用。

二、抗菌肽的化学性质

(1) 抗菌肽是两亲性的。抗菌肽 N 端分子富含亲水性氨基酸残基，特别是赖氨酸和精氨酸，这些亲水结构域可促进抗菌肽和细胞膜的相互作用，使其易于吸附到细胞膜上；而 C 端则含较多的疏水性氨基酸残基，且大部分被酰胺化，这些疏水结构域有利于抗菌肽进入膜的脂质双分子层并形成两性 α 螺旋结构。

(2) 肽序列中常包含碱性氨基酸残基(如赖氨酸或精氨酸)及疏水性残基(如丙氨酸、亮氨酸、苯丙氨酸或色氨酸)，有的抗菌肽还包含某些氨基酸的重复序列。此外，绝大多数抗菌肽的第二位氨基酸残基为色氨酸，对抗菌肽抗菌活性起着至关重要的作用。而在抗菌肽的中间多富含脯氨酸，也会直接影响其杀菌活性。

(3) 阴离子抗菌肽富含带负电的天冬氨酸和谷氨酸，阳离子抗菌肽则富含带正电的精氨酸和赖氨酸。在抗菌活性上，带电荷较多的阳离子肽和含有锌的阴离子肽要明显高于中性的及带电荷较少的抗菌肽。

第四节　抗菌肽的结构特征

不同类型或不同来源的抗菌肽在结构和长度等方面存在着很大的差别，其高级结构不论是 β 折叠还是 α 螺旋，两亲结构是抗菌肽的共同结构。

一、抗菌肽的一级结构特征

抗菌肽的一级结构主要是指氨基酸序列的特征。抗菌肽的N端多富含赖氨酸、精氨酸等亲水性氨基酸残基，C端富含丙氨酸、甘氨酸、缬氨酸等疏水性氨基酸残基。不同功能的抗菌肽含有的疏水性氨基酸残基比例却大致相同，为41%~49%。一般，抗菌肽第2位为色氨酸，中间富含脯氨酸。在某些特定位点，不同的抗菌肽也会表现出高度的一致性，这是某些抗菌肽具备抗菌活性所必不可少的。β-防御素带正电荷的氨基酸通常簇集在C端，在第3和第4个半胱氨酸残基附近存在脯氨酸残基，此点对于β转角的形成可能很重要。

不同抗菌肽在氨基酸数目上存在差异。Wang和Wang(2004)通过对抗菌肽数据库APD里收录的525种抗菌肽的分析研究，发现97%的抗菌肽包含50或更少数目的氨基酸残基，平均长度为18个。其中最长的抗菌肽(AP00404)包含84个残基，而最短的抗菌肽(AP00027)仅有6个残基，分子质量较小。

二、抗菌肽的二级结构特征

抗菌肽结构呈多样性。抗菌肽一级结构中大量的脯氨酸和二硫键能易于形成α螺旋、β折叠、伸展片层和环状等与抗菌活性密切相关的结构。就目前所发现的抗菌肽中，只含有α螺旋结构的抗菌肽占14.63%，只含有β折叠结构的抗菌肽占0.76%，同时具有α螺旋和β折叠结构的抗菌肽占2.28%，富含稀有氨基酸的抗菌肽占10.07%，含有二硫键的抗菌肽占32.31%，其余未知结构的抗菌肽为39.95%。

三、抗菌肽的三级结构特征

三级结构是指几个相同或不同的二级结构元素在空间上的排列。不同类型的抗菌肽具有不同的三级结构。在APD数据库中，334种抗菌肽具有三级结构。这里以β-防御素家族的三级结构为例进行简要介绍。

β-防御素家族中半胱氨酸残基二硫键的连接方式有Cys1-Cys5、Cys2-Cys4、Cys3-Cys6，这3对二硫键对于稳定β-防御素空间构象具有重要的意义。β-防御素的空间构象主要由3条反平行的β折叠片构成，其N端具有形成α螺旋的趋势，螺旋长度和规律性决定于实验条件，且晶体状态结构不同于溶液状态。分子内二硫键的存在降低了分子的柔性，二硫键Cys1-Cys5将α螺旋连接到第3条β折叠片上，二硫键Cys2-Cys4将β折叠片1和β折叠片2相连，二硫键Cys3-Cys6将β折叠片1和β折叠片2间形成的环与第3条β折叠片连接起来。哺乳动物α-防御素也存在相似的3股β折叠片，但没有N端α螺旋。

β-防御素的三级结构与鼠类或人类CCL120/MIP-3α类趋化因子极其相似，这些多肽也具有相似的正电荷特性和抗菌活性。β-防御素通过趋化因子受体 CCR6 发挥趋化作用。这些趋化因子的三级结构由 1 个反平行的 3 股 β 折叠片和 1 个 C 端 α 螺旋构成。

参 考 文 献

陈玉娟, 吉爱国, 高培基. 2007. 真菌*Penicillium* sp. MO3产生的抗菌肽AF2的分离纯化和性质的研究. 山东大学学报(理学版), 42(5): 64-68, 78.

杜卫, 刘晓萍, 梁惠, 等. 2000. 扇贝多肽对淋巴细胞的保护作用和反相液相色谱分析. 中国海洋药物, 19(5): 27-29.

毛文君, 李诩, 李八方. 1999. 贻贝提取物对荷瘤小鼠抗氧化功能的影响研究. 海洋科学, 6: 7-9.

魏照征, 田健, 伍宁丰, 等. 2011. 抗菌肽构效关系及其表达策略研究进展. 生物技术通报, 2: 7-11

朱钧萍, 申婧, 郭中敏, 等. 2013. 抗菌肽表达系统及应用的研究进展. 热带医学杂志, 13(10): 1301-1304.

Boman H G, Nilssoni I, Rasmuson B, *et al.* 1972. Inducible antibacterial defense system in *Drosphila*. Nature, 237: 232-235.

Boman. 1995. Peptide antibiotics and their role innate immunity. Annau Rev Immunol, 13: 62.

Chen L, Li Y, Li J, *et al.* 2007. An antimicrobial peptide with antimicrobial activity against *Helicobacter*. Peptides, 28(8): 1527-1531.

Cole A M, Weis P, Diamond G. 1997. Isolation and characterization of pleurocidin, an antimicrobial peptide in the skin secretions of winter flounder. J Biol Chem, 272(18): 12008-12013.

Krause A, Neitz S, Mägert H J, *et al.* 2000. LEAP-1, a novel highly disulfide-bonded human peptide, exhibits antimicrobial activity. FEBS Letters, 480(2-3): 147-150.

Lauth X, Shike H, Burns J C, *et al.* 2002. Discovery and characterization of two isoforms of moronecidin, a novel antimicrobial peptide from hybrid striped bass. J Biol Chem, 277(7): 5030-5039.

Lee I H, Zhao C, Cho Y, *et al.* 1997. Clavanins, alpha-helical antimicrobial peptides from tunicate hemocytes. FEBS Lett, 400(2): 158-162.

Lee J Y, Boman A, Sun C X, *et al.* 1989. Antibacterial peptides from pig intestine: Isolation of a mammalian cecropin. Proc Natl Acad Sci USA, 86(23): 9159-9162.

Park I Y, Park C B, Kim M S, *et al.* 1998. Parasin I, an antimicrobial peptide derived from histone H2A in the catfish, Parasilurus asotus. FEBS Lett, 437: 258-262.

Relf J M, Chishoim J R, Kemp G D, *et al.* 1999. Purification and characterization of a cysteine-rich 11.5-kDa antibacterial protein from the granular haemocytes of the shore crab, *Carcinus maenas*. Eur J Biochem, 264(2): 350-357.

Schnapp D, Kemp G D, Smith V J. 1996. Purification and characterization of a proline-rich antibacterial peptide, with sequence similarity to bactenecin-7, from the haemocytes of the shore crab, *Carcinus maenas*. Eur J Biochem, 240(3): 532-539.

Wang K J, Huang W S, Yang M, *et al.* 2007. A male-specific expression gene, encodes a novel anionic antimicrobial peptide, scygonadin, in *Scylla serrata*. Mol Immunol, 44(8): 1961-1968.

Wang Z, Wang G. 2004. APD: The antimicrobial peptide database. Nucleic Acids Res, 32(Database issue): D590-D592.

第二章　抗菌肽的作用机制

抗菌肽都具有广谱的抗菌活性，能够杀灭细菌、真菌、病毒、原虫，同时对一些肿瘤或癌细胞也具有抑制或杀灭活性。而且，抗菌肽对致病微生物的最小抑菌浓度(minimal inhibitory concentration，MIC)仅为0.1~10μg/ml，并能在极短的时间内杀灭病原微生物。另外，抗菌肽的特异性较好，一般只对病原微生物或(和)异常细胞发挥作用，但对正常宿主细胞的杀伤作用较小。抗菌肽应用后不易形成残留，也不易产生耐药性。因此，抗菌肽的作用机制不同于常规的抗生素。

抗菌肽的作用机制复杂，主要包括：破坏细胞膜、抑制生物大分子的合成、破坏细胞器、引起 DNA 断裂、抑制酶活性等，还包括抑制细胞呼吸、抑制细胞壁形成、通过非膜性的外部靶点发挥作用。但是，到目前为止，还没有一种完善的理论来解释所有抗菌肽作用机制。细胞膜是许多天然抗菌肽的作用靶点，因此，关于抗菌肽膜作用机制的研究较多。目前，主要通过显微镜方法、模型膜研究、荧光染色技术、离子通道研究等方法来研究抗菌肽的作用机制。

第一节　抗菌肽的抗菌作用机制

抗菌肽首先必须接近或接触细菌细胞表面，而后才能发挥作用。抗菌肽通过多种不同的方式导致细菌裂解和死亡，其作用方式主要包括通过细胞膜破裂直接破坏细胞，抑制细胞壁、蛋白质或核酸合成，抑制细胞酶活性以破坏其代谢，结合热休克蛋白和其他分子伴侣以抑制其对错误折叠和受损蛋白的修复或清除。虽然某种抗菌肽的具体抗菌机制还不是很清楚，但是多种抗菌机制的协同作用是肯定的。

一、抗菌肽与细菌细胞壁的作用

细菌的细胞壁是维持细菌细胞强度和形状的重要结构，具有保护作用。当细胞壁被破坏，细菌的形态及对渗透压的敏感性则发生变化，进而可能会引起细胞死亡。抗菌肽对细菌细胞壁的作用主要包括破坏细胞壁和抑制细胞壁合成两方面。

抗菌肽首先要穿过细菌的细胞壁，然后才能发挥其抑制或杀死细菌的作用。抗菌肽穿过细胞壁借助于静电引力，但与革兰阳性菌和革兰阴性菌发生作用的方式稍有差异。革兰阴性菌表面有很多的糖，主要是脂多糖和荚膜多糖。带正电荷的抗菌肽与细菌表面带负电荷的脂多糖通过静电引力结合。与镁离子(Mg^{2+})、钙离子(Ca^{2+})等天然阳离子相比，抗菌肽与脂多糖有更高的亲和力。抗菌肽从带负电荷的脂多糖处转移阴离子，使此处的细胞壁发生紊乱，形成不稳定区域，抗菌肽穿过此区域，接近细胞膜。革兰阳性菌细胞壁表面的磷壁酸带有负电荷，与带正电荷的抗菌肽通过静电引力结合，使抗菌肽穿过细胞壁接近细胞膜，对细胞膜起作用。例如，MDpep5、MDpep9、MDL-2 等抗菌肽可通过破坏或溶解细胞壁来发挥抗菌作用。

抗菌肽还可以通过抑制细菌细胞壁合成来发挥抗菌作用。如杆菌肽锌通过抑制细胞壁合成过程中的脱磷酸化来阻碍磷脂载体的运转及向细胞壁支架输送黏肽进而抑制细胞壁的合成。乳链菌肽可移除 lipid Ⅱ(一种细胞壁合成的前体)在细胞壁上的合成位点进而阻碍细胞壁的合成。

二、抗菌肽与细菌细胞膜的作用

穿过细菌细胞壁后，抗菌肽与细胞膜发生作用。目前的研究表明，几乎所有的抗菌肽均能与细胞膜相互作用。抗菌肽与细胞膜结合后，在细胞膜上形成穿膜孔洞，使胞内物质外漏，最终导致靶细胞死亡。

孔洞形成的过程主要有 3 个步骤：首先，抗菌肽分子通过其两亲性的正电荷与细胞膜磷脂分子上的负电荷发生静电吸引，进而吸附到细胞膜上，使磷脂双层局部变薄；其次，抗菌肽分子中的疏水段插入细胞膜中，α 螺旋部分插入膜内；最后，通过膜内分子间的相互位移，使多个抗菌肽分子聚集，共同作用，最终形成穿膜孔洞。

目前，解释抗菌肽与细胞膜相互作用的理论主要有 3 种模型(图 2-1)，即桶板模型、覆毯模型和环孔模型。

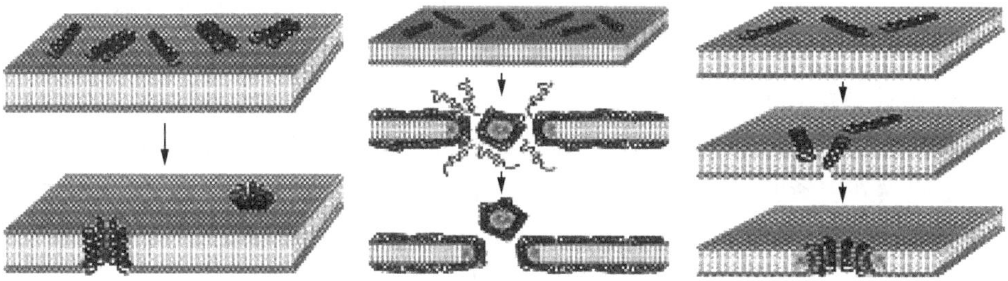

图 2-1　抗菌肽与细菌细胞膜相互作用的模型示意图

1. 桶板模型(barrel-stave model)

抗菌肽垂直插入细胞膜中，在细胞膜上排列开来，其排列方式类似于木桶壁上的木板排列方式，故称为桶板模型。抗菌肽的疏水侧链面向外部的脂质环境，极性侧链向内形成跨膜孔道，而这种孔道可以使细胞质成分外漏而导致细胞死亡。

抗菌肽可以以单体或多聚体的形式与细胞膜结合。以单体形式与细胞膜相结合时，抗菌肽分子之间能够在较低的密度下相互识别，并形成多聚体最终呈现为桶状结构；当单体在膜表面的浓度较低时，可以相互识别、聚合，形成多聚体；以多聚体形式与细胞膜结合时，不会因为受到磷脂膜的影响而解离，某些多聚体还能继续招募其他的抗菌肽来改变通道的大小。理论上，只要有 3 个相同的抗菌肽分子就可以形成一个这样的通道。采用这种机制的抗菌肽，一般包含双亲性的 α 螺旋、疏水性的 α 螺旋或 β 折叠片结构，或同时具备这些结构，这是抗菌肽形成穿膜孔洞发挥作用所必需的。每 6 个 α 螺旋结构的肽可形成内径为 0.52nm 左右的螺旋肽，并由此形成桶板状的通道。极少量的抗菌肽就会形成穿膜孔道，对靶细胞造成致命伤害，在远低于微摩尔水平时就可以杀死细菌。例如，分离自绿色木霉(*Trichoderma viride*)的丙甲菌素(alamethicin)就通过这种机制发挥抗菌作用。

2. 覆毯模型(carpet model)

有时也被称为地毯模型。抗菌肽的氨基酸与磷脂头部相结合，在作用过程中这类抗菌肽并不插入细胞膜内，而是平行于脂双层排列，其疏水侧朝向磷脂膜而亲水侧朝向溶液，有效地覆盖于周围区域，这种重新定向能降低抗菌肽所在位置细胞膜的稳定性，以一种类似于洗涤剂作用的方式穿过磷脂膜。当结合的抗菌肽分子达到一定的浓度阈值时，抗菌肽相互之间形成肽聚体，肽聚体与细胞膜结合，形成类似于洗涤剂-脂质混合物的结构物，使得完整的细胞膜形成大裂缝或孔洞，导致磷脂膜消解，使细胞内容物释放、流失，膜电势被破坏从而导致细胞膜瓦解，最终细胞死亡。这种机制发挥作用的抗菌肽不需要特定的结构，也不需要形成结构性的穿膜通道，但其发挥作用的有效浓度高于采用桶板模型的抗菌肽。抗菌肽 aurein 1.2、沙蚕素(perinerin)和分离自叶泡蛙属(*Phyllomedusa*)的皮抑菌肽就通过这种机制发挥抗菌作用。但抗菌肽 bactenecin 主要以 β 折叠结构通过地毯模型发挥抗菌作用，可能是 β 折叠特有的长丝状网格是与细胞膜发生作用的主要结构。

3. 环孔模型(toroidal model)

该模型是由 Ludtke 等在研究滑爪蟾素时提出的。抗菌肽分子垂直插入膜内，引起细胞膜外层磷脂分子排列方向发生改变，同时水分子嵌入，诱发内层磷脂分子变向，进而导致跨膜环孔形成。例如，magainin、protegrin、毒鱼豆素(piscidin)(分离自杂交斑纹鲈)、lacticin Q 和蜂毒肽(melittin，MLT)可以诱导这种跨膜环孔的形成。这种模型不同于桶板模型，肽与膜结合时形成明显的 α 螺旋结构，肽分子一直与磷脂分子的亲水头部结合，而且孔径也比较大。当肽与磷脂的比例达到一定阈值时，抗菌肽互相结合，致使细胞膜表面的曲面张力发生变化，导致脂质双分子层内外两层贯通，细胞膜结构发生改变，从而形成环孔状的通道，最终引起细菌细胞死亡。在该模型中，静电作用不占主导作用，且脂质双分子层的曲率会影响到抗菌肽的二级结构。例如，大肠菌素 E1(colicin E1)形成环孔通道的活性与脂质双分子层的曲率之间有着密切的关系。

三、抗菌肽与细菌细胞质内靶标的作用

抗菌肽与细菌细胞膜的结合导致细胞膜去极化，形成暂时性孔洞，但这并不能100%杀死细菌。而这个过程可能是抗菌肽进入细胞内的必需中间步骤。当抗菌肽达到一定浓度时，抗菌肽通过细胞壁和细胞膜，进入细胞质内，与靶分子相互作用，进而影响到核酸和蛋白质的代谢，从而达到抑制或杀灭细菌的目的(图 2-2)。

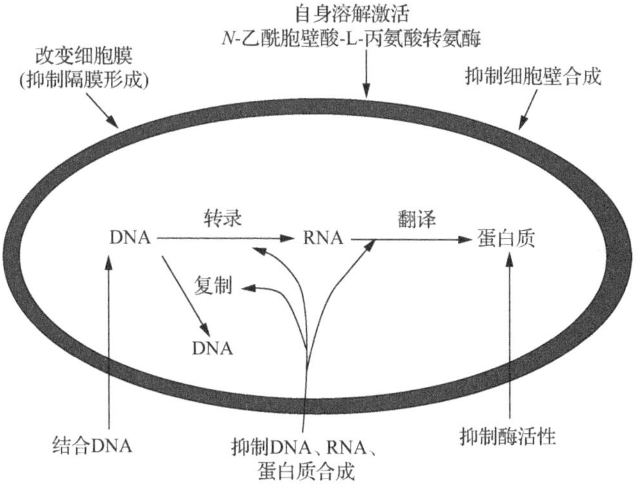

图 2-2　抗菌肽与细菌细胞质内靶标的作用示意图

1. 抗菌肽作用于核酸

抑制核酸的功能　抗菌肽 buforin Ⅱ(分离自蟾蜍的胃组织)能跨过细胞膜磷脂双分子层，杀灭细菌，但磷脂层的状态和细胞膜的完整性没有改变，表明其存在细胞内部的作用靶点。buforin Ⅱ通过与细菌 DNA 和 RNA 发生结合，使得 DNA 的双螺旋结构变得松散，消弱碱基对之间的堆积作用，而使其核酸功能受到抑制。鲎抗菌肽 tachyplesin 也能够通过结合到 DNA 表面的小沟上抑制细菌 DNA 的功能。

抑制核酸的合成　牛中性粒细胞源抗菌肽 indolicidin 可干涉人 DNA 拓扑异构酶-1 的活性，使得人 DNA 拓扑异构酶-1 不能正常松弛 DNA 超螺旋结构，导致 DNA 双螺旋不能解旋，从而无法进行 DNA 的复制。抗菌肽 MDL-1 通过静电引力作用与大肠杆菌 DNA 骨架的磷酸基团结合，引起 DNA 的空间结构变化，而后与 DNA 双螺旋沟槽部结合，MDL-1 以嵌入的方式与 DNA 发生作用，影响 DNA 的复制、转录达到抑菌作用。抗菌肽拟鲽毒素(pleurocidin)和皮抑菌肽也能抑制大肠杆菌 DNA 和 RNA 的合成。抗菌肽 PR-39 能降解与 DNA 复制相关的酶，从而抑制细菌 DNA 的复制。

2. 抗菌肽作用于蛋白质

抑制蛋白质合成　攻击素(attacin)通过干扰大肠杆菌外膜蛋白 OmpC、OmpF、OmpA 和 LamB 的基因转录，抑制蛋白质的合成，使其含量减少，从而导致细菌细胞膜的通透性增加，使细菌生长受到抑制。apidaecin 使维持膜脂平衡的 ftsH 过量分泌而阻碍了膜蛋白合成。抗菌肽 PR-39 还能抑制大肠杆菌蛋白质的合成。indolicidin 能通过降低胞内蛋白质合成的速率来抑制细菌的生长。

抑制蛋白质的折叠　抗菌肽 pyrrhocoricin 和 drosocin 能与细菌分子伴侣 DnaK 结合，影响 DnaK N 端高度保守的 ATP 酶的活性，阻止了 DnaK 的分子伴侣功能，从而抑制了蛋白质的折叠过程，使得细胞内存在过多错误折叠的蛋白质，进而导致细胞死亡。

3. 抗菌肽作用于线粒体

某些抗菌肽如 thanatin 和 histatin 可干扰细菌线粒体的能量供给，影响细菌呼吸，从而抑制细菌的功能。抗菌肽 MUC7 作用于杆菌和球菌后，通过电镜观察细菌的超微结构，发现线粒体出现了明显的肿胀、空泡化、嵴脱落和不规则排列等现象。抗菌肽 tachyplesin 的作用机制与抑制线粒体相关的 caspase7 和 caspase6 蛋白有关。有的抗菌肽能刺激细胞，使细胞内的溶酶体和内质网中的物质如钙离子和蛋白酶排入细胞质中，进一步刺激线粒体释放细胞色素 C，通过一系列酶促反应诱导细胞凋亡。

四、影响糖代谢和能量转化等细胞生理功能

抗菌肽 LL-37 作用于大肠杆菌后，通过阻碍氧化磷酸化相关基因的表达，进而影响细胞糖代谢和能量转化的过程，以及细胞内离子的氧化还原状态。抗菌肽 buforin Ⅱ衍生肽 BF2-A/B 能影响金黄色葡萄球菌的氧化磷酸化过程，显著抑制细胞的呼吸作用和 ATP 的合成。

第二节　抗菌肽的抗病毒作用机制

抗菌肽对病毒也有较好的抑制或杀灭活性。人 α-防御素(human α-defensin，HNP)、牛中性粒细胞 indolicidin、鲎抗菌肽 polyphemusin 等都具有抗病毒活性。抗菌肽的抗病毒机制也有很多种。

一、抗菌肽与病毒囊膜的作用

部分抗菌肽可以通过与病毒外膜的直接结合发挥作用，进而阻止病毒进入宿主细胞，如人 α-防御素对疱疹病毒的作用，鲎抗菌肽 polyphemusin 对人免疫缺陷病毒(HIV)的作用。magainin-2 及合成肽 modelin-1 和 modelin-5 对疱疹病毒 HSV-1

和 HSV-2 有一定的抑制效果。

二、抗菌肽抑制病毒复制

某些病毒可以抑制病毒在细胞内的复制。天蚕素 A(cecropin A)、蜂毒肽(melittin)在亚毒性浓度下通过阻遏基因表达来抑制 HIV-1 病毒的增殖。蜂毒肽还可以通过干扰病毒的组装而对病毒产生作用。人类 β-防御素(HBD)-2、HBD-3 可以下调 HIV-1 的核心受体 CXCR4 的表达阻止 HIV 的复制。

三、改变病毒相应细胞受体

病毒首先要与易感细胞表面的受体相结合，然后才能进入细胞内进行复制并发挥致病作用。而某些抗菌肽可以与病毒相应的细胞表面受体相结合或改变受体的构象，进而病毒不能与受体相结合，病毒不能进入细胞，也就发挥不了致病作用。

四、不同条件下抗菌肽抗病毒作用机制的差异

Chang 等(2005)对 α-防御素-1 和 HIV 的相互作用进行研究，发现生理非毒性浓度的 α-防御素-1 在抵抗 HIV-1 感染中起到双重作用：无血清存在时，α-防御素 -1 能使入侵黏膜表面的 HIV-1 病毒颗粒失活；血清存在时，α-防御素-1 对 HIV 的直接作用消失，以受到感染的细胞为目标，在核侵入和转录水平阻止 HIV 的感染。研究结果揭示 α-防御素-1 通过抑制蛋白激酶 C(PKC)的磷酸化，从而影响 HIV 的感染。

第三节　抗菌肽的抗寄生虫作用机制

抗菌肽能有效杀死引起人类及动物寄生虫病的寄生虫。Shahabuddin 等(1998)研究发现昆虫防御素对感染蚊子的不同发育阶段的疟原虫有不同的作用。卵囊期、核子孢子期的疟原虫经抗菌肽处理后，虫体内部会形成明显的大空泡，子孢子的膜通透性遭到破坏，形态受损，流动性减低。Diaz-Achilrica 等于 1998 年发现一种合成的天蚕素-蜂毒肽杂合体对利什曼原鞭毛虫有杀伤作用，靶目标是细胞膜。其作用模式与杀菌模式相似，抗菌肽能快速降低 H^+/OH^-的通透性使细胞的 ATP 合成下降，呼吸减弱，外膜坍塌，原生质膜形态破坏，从而杀死原虫。柞蚕抗菌肽 D 对阴道毛滴虫有杀伤作用。某些抗菌肽还能杀草履虫、变形虫。抗菌肽抗寄生虫的机制与抗菌肽抗细菌的机制基本相似，因为寄生虫的细胞膜结构与细菌细胞膜的结构有很多相似之处。

第四节　抗菌肽的抗肿瘤和抗癌作用机制

近年来的研究表明，抗菌肽还具有抗肿瘤和抗癌的作用。例如，magainin、天蚕素 A、蜂毒肽、α-防御素-1/-2 对癌细胞具有选择性杀伤作用。这种选择作用可能与细胞骨架有关。某些肿瘤细胞的细胞骨架系统不发达，比其细胞膜表面成分与正常细胞之间存在较大差异，细胞膜易被某些抗菌肽插入而形成离子通道，最终将肿瘤细胞破坏而达到治疗肿瘤的目的。抗菌肽对肿瘤细胞或癌细胞的杀伤机制主要包括以下几个方面。

一、破坏细胞膜结构

抗菌肽对肿瘤细胞的抑制作用与细菌类似，主要通过损伤细胞膜而起作用。抗菌肽作用于癌细胞的膜结构(包括细胞膜、核膜及细胞隔室化的膜结构)，形成电势依赖性离子通道。细胞癌变后的细胞膜表面呈较高的负电性，对带正电荷的抗菌肽的作用非常有利。另外，癌细胞膜表面有数量巨大的不规则微绒毛，可以增强抗菌肽对肿瘤细胞的杀伤作用。

二、破坏细胞内部结构

抗菌肽除了对癌细胞的膜损伤外，还可能诱导核染色体 DNA 断裂，并抑制染色体 DNA 的合成，细胞骨架也受到一定程度的损伤。

三、诱导肿瘤细胞凋亡

抗菌肽可以通过破坏肿瘤细胞的线粒体膜、激活 caspase 诱导细胞凋亡发挥其抗肿瘤功效。Chen 等(2001)以抗菌肽 RGD-tachyplesin 作用于前列腺癌细胞株 TSU，体外试验表明，RGD-tachyplesin 能抑制培养的肿瘤细胞和上皮细胞的生长。用免疫荧光技术和 Western 印迹杂交法检测，发现凋亡相关蛋白 caspase9、caspase8、caspase3 及 Fas 配体表达均升高，提示抗菌肽 RGD-tachyplesin 可以诱导与 Fas 相关的凋亡。Mai 等(2001)用合成的抗菌肽 DP1 作用于小鼠实体瘤 MCA205，体内实验证明 DP1 能诱导肿瘤细胞凋亡，瘤体积减小，激活 caspase 诱导的凋亡途径。因此诱导凋亡可能是某些抗菌肽抗肿瘤的机制。

四、影响肿瘤细胞的代谢

组蛋白样抗菌肽(如大西洋鲑皮肤黏液和胃黏液中与组蛋白 H1 具有高度同源性的抗菌肽，来源于鲶皮肤黏液内与组蛋白 H2A 的 N 端高度同源的抗菌肽，来源于沟鲶的皮肤黏液中 H2B 样抗菌肽)进入肿瘤细胞的细胞核通过影响蛋白质的合成、基因之间的稳定性及 DNA 复制过程中的动力学行为，而杀死细胞。对革兰阳性菌有强烈抑菌活性的抗菌肽 Oxazdidi-none 通过紧密结合到真核细胞核糖体 50S 亚基，抑制蛋白质合成起始复合物的形成，从而引起细胞死亡。

第五节　抗菌肽的免疫调节作用机制

抗菌肽在生理环境下仍有抗菌活性，但这种活性常被拮抗。因此，抗菌肽在生理环境下可能以另一种方式(免疫调节)来保护机体。许多抗菌肽在其生理浓度、盐、血清的条件下参与了先天免疫细胞(如中性粒细胞、上皮细胞)的炎症反应、先天性免疫和适应性免疫相关的活性，在单核细胞、巨噬细胞、树突状细胞中作为先天性免疫和适应性免疫沟通的桥梁。当生物体受到病原菌入侵时，先天免疫细胞大量聚集到感染部位诱导产生的免疫介质如抗菌肽，可以直接活化多种先天免疫细胞，随后激活特异性免疫因子及 T 淋巴细胞、B 淋巴细胞，从而激发抗原特异性的适应性免疫反应。

一、抗菌肽参与非特异性免疫

抗菌肽的生物活性与机体的非特异性免疫反应有密切的关系，在动物先天免疫中(尤其在黏膜和上皮)具有重要作用，同时还可能参与控制机体的微生态平衡。

抗菌肽可参与急性炎症的多个方面，如溶解入侵的细菌，使其释放炎症介质；促进巨噬细胞非调理素吞噬功能，清除细菌；抑制组织纤维蛋白溶解，防止感染扩散；刺激成纤维细胞和上皮细胞的有丝分裂，促进成纤维细胞的生长，促进创伤愈合；在体外可以激活人的淋巴细胞，可清除感染病毒和细菌的细胞及癌细胞。如果急性炎症反应不足以清除细菌，那么宿主就会启动慢性炎症反应和适应性免疫应答。抗菌肽在慢性炎症过程中的作用包括趋化单核细胞；促进辅助性 T 细胞趋化因子的产生及辅助性 T 细胞的增殖，提高体内 IgG 水平；促进巨噬细胞凋亡，激活淋巴细胞，以清除已经感染的细胞。

过强的炎症反应对宿主是有害的。而某些抗菌肽可以通过某种机制抑制促炎因子的过度产生。某些抗菌肽能够抑制前炎性细胞因子(如 TNF-a、IL-6)基因的转录，限制细菌产物(如脂多糖、磷壁酸)引起内毒素血症的发生。除此之外，抗菌肽还能阻止一些毒性物质的释放以免引起过多的组织损伤和炎症反应，如 PR-39 能够抑制活性氧簇(ROS)的产生，BMAP-28 能够促使激活感染的淋巴细胞凋亡等。人、兔和豚鼠的 α-抗菌肽与人的 β-抗菌肽-2(hBD-2)一样，可以激活肥大细胞并使其脱颗粒，释放组胺及前列腺素 D2(PGD2)。

另外，抗菌肽还可激活经典的补体途径，通过调控细胞因子和黏附分子的表达而改变炎症应答。另外，体外试验发现，必需氨基酸中的异亮氨酸及其类似物能诱导牛上皮细胞β-抗菌肽的表达，揭示了用新的方法调节先天免疫将成为可能。

二、抗菌肽参与特异性免疫

抗菌肽不仅是非特异性免疫系统的重要效应分子，而且还是细胞免疫型特异性免疫的效应成分。

在细胞免疫方面，抗菌肽具有亲和素、凝集素和调理素的生物学活性。α-防御素可以选择性地趋化静息状态下 $CD4/CD45RA^+$和 $CD8^+$ T 细胞，hBD2 则能趋化 $CD45RO^+$记忆 T 细胞。人 α-防御素在约 10^{-10}mol/L 浓度对单核细胞、未分化的树突状细胞和 T 细胞有趋化性，而 β-防御素则是通过与特异性的趋化因子受体 CCR6 的相互作用指示未成熟树突状细胞与记忆 T 淋巴细胞到达有微生物入侵的皮肤和黏膜部位，进而引发初始免疫应答和记忆免疫应答，有效地促进特异性免疫。Yang 等(2007)通过实验研究发现，鸡肠道内的 β-防御素能促进脂多糖刺激的外周血液中淋巴细胞的增殖，增加脾、法氏囊中 IgG、IgM 抗体生成细胞的数量，也能增加盲肠扁桃体中 IgA 抗体生成细胞的数量，提高血清中 IgG、IgM 的含量，并且能够提高血清中抗鸡传染性法氏囊病毒(IBDV)抗体的水平。因此，抗菌肽在特异性免疫中有重要作用。另外，抗菌肽还能促进细胞因子的分泌，以促进细胞免疫功能。Tani 等(2000)对体外培养的小鼠脾细胞用人 α-防御素刺激后促进干扰素 γ(IFN-γ)和白细胞介素 4(IL-4)的分泌。

在体液免疫方面，抗菌肽可以提高体液免疫系统的敏感性，激活系统的免疫记忆，提高机体的免疫力和抵抗力。Tani 等(2000)研究发现，体外培养的小鼠脾细胞经人 α-防御素刺激后能增殖并增加细胞因子产物，而体内处理则引起 IgG 抗体免疫应答能力增强。

第六节　影响抗菌肽作用的因素

抗菌肽主要是与细胞膜结合引起膜破损而发挥作用，膜的组成对抗菌肽的活性和选择性毒性有很大影响。不同内源性阳离子抗菌肽在细胞膜上形成孔的能力差别较大，这主要与抗菌肽的浓度和环境 pH 有关。只有当抗菌肽的浓度足够时才能形成离子通道，当 pH 为中性时抗菌肽和细胞膜结合的能力最强，且 pH 是影响抗菌肽溶解脂粒能力的决定因素。此外，介质的离子强度和温度也可影响孔的形成。

一、宿主因素

细胞膜的组成是真核细胞与原核细胞的一个重要差异点。真核细胞的细胞膜含有膜蛋白和胆固醇，而细菌细胞膜没有胆固醇。因而，真核性宿主细胞膜中胆固醇和负电性磷脂可以对抗菌肽的活性产生影响。如麻蝇抗菌肽 IA(sarcotoxin IA)破坏不含胆固醇脂质体的作用强于含有胆固醇的脂质体。

一般认为，抗菌肽是通过提高膜通透性导致离子或大分子外漏而发挥抗菌作用的，并认为宿主细胞膜中胆固醇和少量阴离子磷脂的存在对膜通透性起防御作用。对天蚕素及其类似物的研究认为，它们最初形成弱的选择性离子通道，接着破坏膜的稳定性，最终导致完全电损坏(electrical break-down)。胆固醇可以抑制通道形成和膜去稳定化。天蚕素 A 对合成的磷脂小体和革兰阴性菌的膜通透性的相关研究表明，其膜活性表现出浓度依赖性作用方式。天蚕素 A 在低浓度时可以消除跨膜电化学离子梯度，高浓度时可以使胞内内容物外漏。而胆固醇在低浓度时并不能阻止离子梯度的消除，高浓度时可阻止胞内内容物外漏。另外，胆固醇的保护效应与两亲螺旋肽中的 Glu 间相互作用有关。负电性的磷脂显著提高天蚕素 A 与磷脂小体的亲和力，但只能适度提高其溶胞能力。在没有负电性磷脂存在情况下，天蚕素 A 可与磷脂小体结合形成离子通道并使内容物外漏。负电性磷脂可显著提高天蚕素 A 对膜的亲和力及与膜结合的天蚕素 A 的量，但对通道形成没有明显作用，只是一定程度上提高内容物释放量。因此，负电性磷脂并非是抗菌肽溶胞活性的必需因素。红细胞不会被 magainin-2 破坏，因为红细胞外表面缺乏酸性磷脂，以及相对低的跨膜电位和胆固醇的存在。总之，天蚕素具有更有效的杀菌机制，涉及离子通道形成，但不依赖于负电性磷脂的存在，也不受胆固醇的影响；在低浓度时，对细菌比对宿主细胞具有更强的细胞毒作用。这种选择性的基础是由于这些细胞相对于菌体中的负电性磷脂及宿主细胞膜中胆固醇的存在来说，对离子梯度的消除更敏感。

抗菌肽在体内的表达有组织特异性。因此，不同组织部位的抗菌肽发挥的功能也存在一定的差异。

二、抗菌肽的自身因素

1. 特殊氨基酸残基对抗菌肽活性的影响

特殊氨基酸残基可以是第 2 位的 Trp、C 端的酰胺化和中间产物。如果这些特殊氨基酸残基被替代，抗菌肽的抗菌活性将直接受到影响。

2. 两亲结构对抗菌肽活性的影响

螺旋结构是抗菌肽的主要结构特征，具有较高两亲性和稳定螺旋的区域往往是其活性中心部位。α 螺旋抗菌肽的亲水基团和疏水基团集中分布在抗菌肽的 N 端或者 C 端，或者交替分布在抗菌肽的两侧，形成亲水面和疏水面。这种 α 螺旋有利于抗菌肽结合到细菌的表面。当两亲性 α 螺旋抗菌肽与细胞膜结合时，其亲水结构与膜的磷脂头部以静电作用结合，其疏水部分和膜的磷脂尾部以疏水作用结合。裂解膜能力较强的 α 螺旋抗菌肽多具备相应的疏水性区域和较高的疏水力矩。

两亲结构的破坏与螺旋的丧失会引起大多数抗菌肽活性的丧失。改变 α 螺旋的螺旋程度会直接影响到抗菌肽的活性。用螺旋倾向高的氨基酸残基代替螺旋倾向低的氨基酸残基会使抗菌肽的抗菌活性明显提高；反之，则下降。

3. 电荷对抗菌肽活性的影响

抗菌肽带正电荷是其发挥活性作用的重要基础。抗菌肽所带的正电荷数不仅影响其二级结构和亲水性，还影响抗菌肽的三级结构和在水溶液及细胞膜上的存在形态，从而影响抗菌肽的抗菌活性。将正电荷引入抗菌肽会增加其抗菌活性，而将负电荷引入会降低抗菌活性。当抗菌肽的电荷小于＋5 时，抗菌活性随正电荷数增加而增加；当电荷大于＋7 时，增加正电荷对抗菌肽的活性影响不大。

另外，如不改变抗菌肽分子中电荷数，仅改变 Arg、Lys 在分子中的位置时，抗菌活性也会受到影响。据推测，可能是电荷对肽单体或多聚体具有潜在影响，包括螺旋结构的稳定化和去稳定化作用。

革兰阴性菌的细胞外膜含有带负电荷的脂多糖(lipopolysaccharide)，阳离子抗菌肽首先与脂多糖的二价阳离子结合位点相互作用，竞争性地取代二价阳离子 Mg^{2+}或 Ca^{2+}，引起外膜破裂或穿孔从而透过外膜。因此，增加带正电荷氨基酸的数量，可以增加抗菌肽与革兰阴性菌的结合效率，有助于提高杀菌活性。此外，在不同的 pH 条件下，氨基酸带有不同的电荷，如在中性或偏酸性条件下，Lys 和 Arg 都带正电荷，所以含 Lys 和 Arg 的肽受 pH 变化影响较小；富含 His 的抗菌肽受 pH 变化影响较大。因此增加带正电氨基酸的数量，或改变其在肽链中的位置，均可影响抗菌肽的二级结构，从而进一步影响其抗菌活性。

4. 疏水基团对抗菌肽活性的影响

疏水作用对抗菌肽插入细胞膜的过程中起着重要的作用。改变肽链中 Leu、Ile、Val 数量可以影响到抗菌肽的活性。由于疏水基团的存在，肽链在溶液中可以通过疏水作用形成多聚体，增加了对真核细胞膜的亲和力及形成具有两亲性质 α 螺旋的能力，从而提高了抗菌肽抗菌活性的稳定性。增加抗菌肽分子的疏水性，可增加抗菌活力，但同时也增加了对哺乳类动物细胞的毒性。肽链疏水面的正电荷可能对抗菌肽的溶血活性有重要影响。将抗菌肽 RTA3 疏水面的 Arg 替换为不带电荷的 Leu，结果大幅增加了抗菌肽的溶血活性。

5. 末端残基和肽链长度对抗菌肽活性的影响

抗菌肽的抗菌活性会随末端残基的切除成倍降低。窦非等(2000)将抗菌肽 *CMIV* 基因及其变体基因 *X* 克隆入 GST 融合表达系统，分别用不同的切割试剂切割后，得到 N 端具有多余氨基酸的抗菌肽 CMIV，以及 C 端未酰胺化的抗菌肽 CMIV，这些多肽均丧失了抗菌活性，而 N 端无多余氨基酸，以及 C 端加进 1 个天冬酰胺的多肽具有抗菌活性。实验结果提示抗菌肽原有的末端结构对其生物活性至关重要。

肽链长度影响抗菌肽活性的观点存在争议。抗菌肽要实现插入细菌脂膜并形成横跨膜的通道，理论上至少应有 18 个氨基酸残基。但“覆毯模型”认为抗菌肽通过和膜结合后改变其稳定性从而引起细胞死亡，不必形成跨膜通道。

6. 氨基酸构型对抗菌肽活性的影响

抗菌肽氨基酸残基大多为 L-型，少数为 D-型。氨基酸构型的差异对某些抗菌肽的抗菌活性也有重要影响。Vunnam 等(1997)比较了来自猪小肠的两种抗菌肽天蚕素 P1(CP1)和 PR-39 的 D-型异构体和 L-型异构体的抗菌活性。结果显示，CP1 的 L-型异构体对革兰阳性菌的抑菌活性比 D-型异构体要强，对革兰阴性菌的抑菌活性比 D-型异构体要弱；PR-39 对于大肠杆菌、枯草芽胞杆菌和化脓性链球菌的抑菌活性，L-型和 D-型异构体无显著差别，但对铜绿假单胞菌的抑菌活性有明显差别，对于金黄色葡萄球菌的抑菌活性差别在 1000 倍以上。

7. 螺旋度对抗菌肽活性的影响

N 端的 α 螺旋结构对维持抗菌肽的抗菌活性很重要。D-型氨基酸替换 L-型氨基酸后不利于肽链螺旋形成，并降低螺旋含量，但净电荷数和疏水性不受影响。董天堂等(2007)使用 D-型氨基酸替代抗菌肽 V681 的 11 位和 13 位的 L-型氨基酸获得一系列 V681 的衍生肽，发现大多数 D-型氨基酸衍生肽比其 L-型氨基酸肽的抗菌活性更高，并认为高螺旋度是其具有溶血性的原因之一。

三、环境条件

1. 离子

β-防御素的抗菌活性依赖于离子种类和浓度。大多数 β-防御素在 150mmol/L 的氯化钠浓度下会丧失生物活性。抗菌活性降低的主要原因是离子导致电荷发生变化。研究表明，K^+和 Na^+的效应相似，二价盐离子如 Ca^{2+}和 Mg^{2+}更有效，而阴离子如 Cl^-和 SO_4^{2-}却对活性无影响。某些研究显示。β-防御素衍生物具有低盐敏感性，人 β-防御素-3(HBD-3)线性分子较二硫键连键的多肽更抗盐，改变 HBD-3 的氨基酸，将导致净电荷增加，使其聚合能力降低。与天然的 HBD-3 相比，类似物显示出低盐敏感性。此外，共价型 β-防御素二聚体比其单体更抗盐，如 HBD-4、HBD-5。因此，在某些情况下，β-防御素在高盐条件下的抗菌活性可通过改变其结构而保留。

2. 冻融次数

反复冻融会影响到抗菌肽的抑菌活性，活性随着冻融次数的增加而降低。因此，对同一样品不宜反复冻融，小容量分装是很好的措施。

3. pH

pH 是抗菌肽溶解脂粒能力的主要决定因素。Dashper 等(2005)对从牛乳中获得的抗菌肽 kappacin 进行研究，发现在酸性环境下，抗菌肽本身浓度高于 30mol/L 时才具有溶膜活性，在中性环境下几乎没有溶膜活性。

4. 温度

降低温度可以阻止膜孔的形成，从而使抗菌肽的活性下降。当然，温度过高也会逐渐灭活抗菌肽的活性。

第七节　抗菌肽作用机制与抗生素的差异

抗菌肽的作用机制与传统抗生素有很大的不同，主要表现在以下几个方面。

一、杀菌机制的不同

传统抗生素大多数是通过抑制细菌细胞壁或 DNA 的合成而发挥作用。而抗菌肽主要通过对带负电的微生物细胞膜直接作用，改变其通透性，造成膜的物理性损伤，导致细胞内容物外渗而死亡。当然，某些抗菌肽也能通过抑制蛋白质、DNA 的合成或细胞壁的形成而发挥作用。

二、抗菌作用方式的不同

传统抗生素作用涉及细菌细胞膜上或胞内特异的受体结合，且受体类型有限，细菌容易通过变异而产生耐药。而抗菌肽的作用不涉及特定的受体，完全是阴阳离子的物理作用，它可以很快杀灭微生物而不产生耐药性。

三、对免疫的影响不同

传统抗生素对宿主的免疫系统都有微弱或严重的抑制作用。而抗菌肽对宿主免疫系统基本没有影响，某些抗菌肽还能促进免疫系统的发育、并调节免疫系统的功能。

四、抗菌谱的差异

传统抗生素的抗菌作用主要针对的是细菌类原核生物。而抗菌肽除了对细菌类原核生物有抑杀作用外，还具有抗病毒、抗肿瘤等的生物学功能。

五、对肠道菌群影响的不同

传统抗生素会导致人体和动物肠道菌群失调，进而影响机体的正常机能。而抗菌肽不会影响宿主肠道菌群的总量，但对乳酸菌等有益菌却有促进作用。

六、对宿主细胞的影响不同

某些传统抗生素对病原寄生的宿主细胞具有一定的毒性作用。而抗菌肽是一种内源性的活性多肽，对正常的真核细胞没有毒性作用，但可能因为种属特异性的问题对抗菌肽来源宿主之外的其他宿主细胞都有一定的毒性作用，如来源于牛蛙的某种抗菌肽对猪红细胞具有溶血活性。

第八节　抗菌肽的耐药性

抗菌肽的广泛应用也会导致病原微生物对抗菌肽产生耐药性。病原微生物通过避免与抗菌肽接触、降低与抗菌肽的亲和性或通过表达一些酶以降解抗菌肽来发挥对抗菌肽的耐药性。病原微生物对抗菌肽产生耐药性有两种主要的机制，即构成性耐药和诱导性耐药(陈福等，2008)。本小节中的药仅指抗菌肽。

一、构成型耐药机制

构成型耐药机制(constitutive mechanisms of resistance)是先天性的，与抗菌肽是否存在无关，取决于病原微生物本身的结构特征。微生物先天磷脂膜结构是形成构成型耐药机制的物质基础。膜流动性高、且有较多不饱和膜脂质的细菌具有较高的耐药性。另外，某些细菌的细胞膜上呈负电荷的结构本身就少，从而先天缺乏与抗菌肽的静电亲和力。

某些微生物表面的海藻酸与二价阳离子结合后相互交联而凝聚化。海藻酸盐凝胶化后可阻止抗菌肽到达病原体外膜，从而抑制抗菌肽的抗菌作用。某些细菌表面的荚膜也能以这种机制形成耐药性。

某些微生物可以通过形成小生境发挥耐药性。如小菌落型的金黄色葡萄球菌电荷运输能力低而具有较低的跨膜电势，对阳离子抗菌肽的亲和力低下，表现出对阳离子抗菌肽的耐药性。

二、诱导型耐药机制

诱导型耐药机制(inducible mechanisms of resistance)是抗菌肽或其他刺激因子诱发的一种耐药机制。病原微生物在与宿主相互作用的历史进程中进化出抵抗包括抗菌肽在内的宿主防御系统的机制。某些细菌通过改变细胞膜组分来形成对抗菌肽的耐药性，如降低带负电荷的磷酸盐的含量，增加带正电荷的鸟氨酸含量。

在革兰阴性菌中，PhoP/PhoQ 调节子通过激活表达特定的表面蛋白和酶对球蛋白、磷脂和脂多糖进行修饰来削弱抗菌肽的作用或降解特定的抗菌肽。如 PhoP/PhoQ 调控 pagP 编码酰基转移酶来催化脂质 A 的十六(烷)酰化，这种修饰可以阻止抗菌肽接近细胞膜。PmrA/PmrB 双组分调控系统协调 *PmrE*、*PmrH*、*PmrF*、*PmrI*、*PmrJ*、*PmrK* 和 *PmrL* 等基因的表达以合成并连接氨基阿拉伯糖到脂类 A 上，能增加外膜的正电荷数以提高对阳离子抗菌肽的抗性。

某些蛋白酶可以介导病原体对抗菌肽的耐药性。如沙门菌外膜肽链内切酶 *Pgt*E、大肠杆菌外膜蛋白酶家族 OmpT 和蛋白酶 VII、耶尔森菌的 Pla 可以切割抗菌肽肽链中的特异性片段以降解抗菌肽，从而赋予细菌对抗菌肽的耐药性。Stumpe 等(1998)通过试验证明，在鱼精蛋白(一种能与 DNA 结合的鲑抗菌肽)存在的条件下，OmpT 的表达可以增加大肠杆菌的存活概率。Jarosz(1997)发现，昆虫致病菌铜绿假单胞菌能产生一种特殊蛋白酶，能选择性地降解天蚕素，使该菌能感染昆虫。

某些基因突变可以降低细菌对抗菌肽的敏感性。大肠杆菌 GyrB 多肽 751 位点的色氨酸被精氨酸取代后，可以降低小菌素 B17(microcin B17)对 DNA 螺旋酶的抑制作用。

参 考 文 献

陈福, 罗玉萍, 龚熹, 等. 2008. 抗菌肽耐药性研究进展. 微生物学通报, 35(11): 1786-1790.

董天堂, 田子罡, 王建华. 2007. α-螺旋型抗菌肽结构参数与功能活性的关系. 生物工程杂志, 27(9): 116-119.

窦非, 谢维, 董雪吟, 等. 2000. 抗菌肽 CMIV 末端结构对其活性的影响. 中国科学 C 辑:生命科学: 59-64.

Bessin Y, Saint N, Marri L, *et al.* 2004. Antibacterial activity and pore-forming properties of ceratotoxins: a mechanism of action based on the barrel stave model. Biochimica et Biophysica Acta, 1667(2): 148-156.

Chang T L, Vargas J J, DelPortillo A, *et al.* 2005. Dual role of α-defensin-1 in anti-HIV-1 innate immunity. J Clin Invest, 115:765-773.

Chen Y X, Xu X M, Hong S G, *et al.* 2001. RGD-tachyplesin inhibits tumor growth. Cancer Research, (5): 434-438.

Dashper S G, O'Brien-Simpson N M, Cross K J, *et al.* 2005. Divalentmetal cations increase the activity of the antimicrobial peptide kappacin. Antimicrobial Agents Chemother, 49(6): 2322-2328.

Diaz-Achirica P, Ubach J, Guinea A, *et al.* 1998. The plasma membrane of *Leishmania donovani* promastigotes is the main target for CA(1-8)M(1-18), a synthetic cecropin A melittin hybrid peptide. Biochem J, 330(Pt1): 453-460.

Efremov R G, Nolde D E, Konshina A G, *et al.* 2004. Peptides and proteins in membranes: what can we learn via computer simulations? Curr Med Chem, 11(8): 2421-2442.

Finlay B B, Hancock R. 2004. Can innate immunity be enhanced to treat microbial infections. Nat Rev Mierobiol, 2: 497-504.

Goldman M J, Andersson G M, Stolzeneberg E D, *et al.* 1997. Human beta-defensin-l is a salt-sensitive antibiotic in lung that is inactivated in cystic fibrosis. Cell, 88: 553-560.

Gottler L M, Ramamoorthy A. 2009. Structure, membrance orientation, mechanism, and function of pexiganan-a highly potent antimicrobial peptide designed from magainin. Biochim Biophys Acta, 1788(8): 1680-1686.

Hancock R E. 1998. The therapeutic potential of cationic peptides. Expert Opin Investig Drugs, 7(2): 167-174.

Hancock R, Chapple D S. 1999. Peptide antibiotics. Antimicrob Agents Chemother, (43): 1317-1323.

Hancock R, Rozek A. 2002. A role of membrance in the activities of antimicrobial cationic peptides. FEMS Microbiol Lett, 206(2): 143-149.

Jarosz J. 1997. Identification of immune inhibitor from *Pseudomonas aeruginosa* of inducible cell-free antibacterial activity in insects. Cytobios, 89(357): 73-80.

Mai J C, Mi Z B, Kim S H, *et al.* 2001. A Proapoptotic peptide for the treatment of solid tumors. Cancer Research, (11): 7709-7712.

Matsuzaki K, Sugishita K, Harada M, *et al.* 1997. Interactions of an antimicrobial peptide, magainin 2, with outer and inner membranes of Gram-negative bacteria. Biochim Biophys Acta, 1327(1): 119-130.

Nizet V, Ohtake T, Lauth X, *et al.* 2001. Innate antimicrobial peptide protects the skin from invasive bacterial infection. Nature, 414(6862): 454-457.

Ostberg N, Kaznessis Y. 2005. Protegrin Structure-activity relationships:using homology model of synthetic sequence to determine structural characteristics important for activity. Peptides, 26(2): 197-206.

Park C B, Kim H S, Kim S C. 1998. Mechanism of action of the antimicrobial peptide buforin Ⅱ: buforin Ⅱ kills microorganisms by penetrating the cell membrane and inhibiting cellular funct ions. Biochem Biophys Res Commun, 244(1): 253-257.

Podda E, Benincasa M, Pacor S, *et al.* 2006. Dual mode of action of Bac7, a proline-rich antibacterial peptide. Biochim Biophys Acta, 1760(11): 1732-1740.

Powers J P, Hancock R E. 2003. The relationship between peptide structure and antibacterial activity. Peptides, 24(11): 1681-1691.

Robinette D, Wada S, ArrolL T, *et al.* 1998. Antimicrobial activity in the skin of the channel catfish lctalurus punctatus: characterization of broad-spectrum histone-like antimicrobial proteins. Cell Mol Life Sci, 54(5) : 467-475.

Shahabuddin M, Fields I, Bulet P. 1998. Plasmodium gallinaceum: differential killing of some mosquito stages of the parasite by insect defensin. Experimental Parasitogy, 89(1): 103-112

Stumpe S, Schmid R, Stephens D L, *et al.* 1998. Identification of OmpT as the protease that hydrolyzes the antimicrobial peptide protamine before it enters growing cells of *Escherichia coli*. J Bacteriol, 180(15): 4002-4006.

Tani K, Murphy W J, Chertov O, *et al.* 2000. Defensins act as potent adjucants that promote cellular and hunoral immune responses in mice to a lymphoma idiotype and carrier antigens. Int Immunol, 12: 691-700.

Vunnam S, Juvvadi P, Merrifield R B, *et al.* 1997. Synthesis and antibacterial action of cecropin and proline-argininerich peptides from pig intestine. J Pept Res, 49(1): 59-66.

Yang Y R, Jiang Y B, She R P. 2007. Effects of Gal-13 on the content of immunoglobulin, proliferation of lymphocyte and antibody titers in chickens. Asian-Australian Journal of Animal Sciences, 20(3):405-411.

Yang Y S, Mitta G, Chavanieu A, *et al.* 2000. Solution structure and activity of the synthetic four-disulfide bond Medit erranean mussel defensin (MGD-1). Biochemistry, 39(47): 14436-14447.

Zhu W L, Song Y M, Park Y, *et al.* 2007. Substitution of the leucine zipper sequence in melittin with peptoid residues affects self-association, cell selectivity, and mode of action. Biochim Biophys Acta, 1768(6): 1506-1517.

第三章　抗菌肽的研究方法

随着越来越多的抗菌肽被发现，其研究方法也变得越来越成熟、越来越系统化，从抗菌肽的分离、活性检测及人工改造等方面都形成了各自具体的一套方法。本章就对抗菌肽的研究方法进行阐述，以便于读者和相关研究人员加深对抗菌肽的了解。

第一节　抗菌肽的人工提取

内源性抗菌肽来自机体自身，起源古老，历经几百万年的进化仍保留着强大的抗微生物活性。人工提取抗菌肽不破坏抗菌肽的天然构象，是获得抗菌肽的一个主要来源。

一、抗菌肽人工提取的基本概述

目前，国内外提取小分子多肽最广泛使用的方法就是化学试剂提取法，主要是有机溶剂抽提、水浸提、有机酸抽提和酶解后再提取等方法。图 3-1 简单示意了化学试剂法提取抗菌肽的流程。另外，三羟甲基甘氨酸(Tricine)-聚丙烯酰胺凝胶电泳(polyacrylamide gel electrophoresis，PAGE)、离子交换毛细管电泳(ion exchange-capillary electrophoresis，IE-CEC)、高效液相色谱(high performance liquid chromatography，HPLC)、质谱法等技术在分离小分子多肽上也有一定的应用。有时常将前述的几种方法进行联用，如色谱和质谱的联用以便得到纯度较高的小分子多肽。

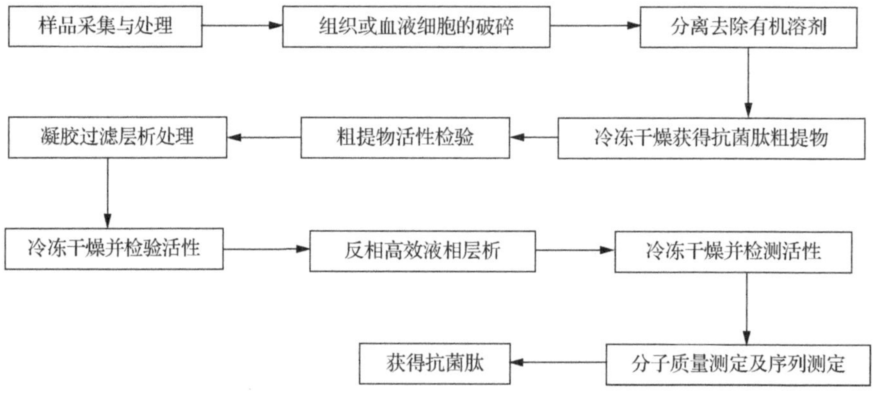

图 3-1　抗菌肽的化学试剂法提取工艺流程示意图

二、抗菌肽的人工诱导

虽然体内的抗菌肽可以进行组成型表达，但是宿主在受到病原感染时快速分泌抗菌肽来抵抗感染。因此，可以通过注射各种病原模拟感染或某些化学物质(如IL-1、TNF、LPS)、重金属和农药污染等诱导抗菌肽的表达，也可以通过物理方式(如紫外线和γ射线的照射、饥饿、超声波处理、针刺、电压刺激等)来诱导抗菌肽的表达，然后再以各种方法进行人工提取，以提高抗菌肽的提取率。

三、人工提取抗菌肽方法举例

可以从不同动物和人的不同部位通过人工方法提取到不同类型的抗菌肽。这里仅就通过人工方法提取牛血液白血病中抗菌肽的分离纯化等过程进行简要描述，以便介绍人工提取抗菌肽的方法。

1. 血液的采集与处理

(1)采集牛血液，收集于含10%柠檬酸钠的试剂瓶中，并不停地搅拌，防止凝血。

(2)经6层无菌纱布过滤除去杂质。

(3)2000r/min，离心15min，弃上清液。

(4)收集白细胞，磷酸盐缓冲液PBS(0.01mol/L，pH7.4)洗涤2次。

(5)用冷却的去离子水裂解残留红细胞，镜检，至无红细胞为止。

2. 抗菌肽粗提物的制备

(1)向收集的牛白细胞中加入等渗盐水。

(2)超声波破碎细胞，60Hz，作用60s，4次，镜检，至约95%的白细胞破碎为止。

(3)4℃，10 000r/min，离心30min，弃上清。

(4)沉淀物溶于10%(*V*/*V*)的乙酸中，4℃搅拌过夜后。

(5)4℃，10 000r/min，离心20min，收集上清液。

(6)4℃，10 000r/min，离心10min，取上清液于圆底烧瓶中。

(7)40℃，旋转蒸发30min，除去乙酸。

(8)冷冻干燥，冻干物即为牛白细胞抗菌肽粗提物。

(9)4℃保存，备用。

3. 抗菌肽的纯化

对白细胞抗菌肽粗提物用离子交换柱做进一步的分离。

(1)将稀释好的样品通过离子交换柱，进样速度20ml/h，25mmol/L乙酸铵洗去非阳离子成分，10%乙酸洗脱阳离子成分。

(2)紫外分光光度检测器在230nm处检测其吸光度。

(3) 收集洗脱峰，5ml/管。

(4) 冻干。

(5) 用 0.01%乙酸重悬。

4. 用反相高效液相色谱法（RP-HPLC）分离有活性的阳离子峰

(1) 用梯度为 30%~35%乙腈和 0.1%三氟乙酸进行洗脱。缓冲液 A 为 5%乙腈、0.1%三氟乙酸；缓冲液 B 为 95%乙腈，0.1%三氟乙酸。缓冲液 A 到缓冲液 B 的梯度为 30%~35%，时间为 80min。

(2) 用紫外分光光度检测器在 215nm 处检测其吸光度，收集峰液。

(3) 冻干。

(4) 用 0.01%乙酸溶解。

5. 测活性

用琼脂糖弥散法测定离子交换层析法和反相高效液相色谱法分离的肽的抗微生物活性。

6. 质谱

用质谱法，对有抗微生物活性的离子峰成分进行鉴定。

四、人工提取抗菌肽的优缺点

从生物体内提取步骤烦琐，纯度不高。但是，人工提取抗菌肽并进行鉴定是后续抗菌肽人工合成和基因工程表达必须经历的前奏。因为，它是基础，是源泉。

第二节　抗菌肽的人工合成

一、抗菌肽人工合成的意义

抗菌肽是具有生物活性的小分子多肽，分子质量较小，一般在 2~7kU，常由 20~70 个氨基酸残基组成，通常是通过在生物体内诱导产生，故含量很低。如果从生物体内直接提取抗菌肽，相对难度较大，且效率低下，所需的技术与成本要求较高，难以规模化生产。天然抗菌肽较低的生物药效率与新陈代谢稳定率、制剂困难等因素制约了天然抗菌肽的生产。同时，许多天然抗菌肽都有溶血性。因此，通过其他方法获得理想的抗菌肽成为人们研究的新方向。其中，多肽的人工合成技术使得人工合成抗菌肽成为可能。

由一种或多种抗菌肽的部分肽链通过组合而成的抗菌肽通常被称为杂合抗菌肽，其除了普通抗菌肽高效、广谱的特点外，还具有低毒性、短肽链的特点。人工设计合成杂合肽已成为现今研究的热点，通过选择某种已知抗菌肽，对其含有的某些或某类氨基酸删减替换，或与其他抗菌肽的片段进行拼接修改，进而提高抗菌肽的杀菌效果，同时降低毒性作用。因此，探索并设计新结构的抗菌肽，对改善其活性，降低合成成本，最终实现产业化具有重要的意义。

二、抗菌肽的人工合成方法

人工合成抗菌肽一般采用化学合成法和构建抗菌肽基因工程菌株。这里仅介绍化学合成法。部分抗菌肽的氨基酸组成链较短。通过化学合成的方法，能较为方便地合成出与天然抗菌肽结构和功能完全一致的抗菌肽。而多肽的化学合成方法一般有以下几种：液相合成、固相合成、片段法合成、组合化学合成法。液相合成法是一种较基础的合成方法，采用这种方法合成多肽时已经越来越集中到合成较短的肽段上面，但合成过程中需要对中间体进行提纯，工作量较大，且需花费大量时间。因此，目前已较少采用此类方法。目前，主要通过固相合成技术和组合化学技术相结合来合成多肽。

1. 固相合成法

1963 年，布鲁斯·梅里菲尔德(R. Bruce Merrifield)首次发明出固相合成方法(薛楚标和李崇熙，1985)。该方法的主要原理是通过固体树脂载体上的化学基团与氨基酸的羧基端相连接，暴露氨基端连接肽，接着将需要连接的氨基酸用一定的方法，保护其氨基端和侧链基团，只暴露与活化它的羧基端，进而同连在树脂上的氨基端进行连接反应。通过脱去氨基保护，连接一个氨基酸，再脱去氨基保护，再接下一个氨基酸，重复以上过程，就可以得到所需要的肽段。与液相合成法相比，合成方便迅速，待所要的肽段合成完毕后，再通过相应的化学试剂将多肽从树脂上切除下来，使用合适的试剂切割除掉多肽的侧链保护基团，这样就得到了与生物体内完整的多肽完全一样的产物。

固相多肽合成主要有两种合成策略，即 Boc 法和 Fmoc 法。使用 Boc 的方法中，需要反复使用三氟乙酸(TFA)脱叔丁氧羰基(Boc)，且从树脂上切割下来的过程需要使用氢氟酸，在切割过程中容易产生副反应，且需专门的仪器，因此受到实验条件限制，使用慢慢减少。而 9-芴甲基氯甲酸甲酯(Fmoc)法反应条件较为温和，在一般的实验条件下就可以进行合成，因此被广泛使用。两者相比，Boc 法更可靠，能更好地去除 α 氨基保护基。陆莹瑾等(1997)运用该方法在两亲螺旋的疏水面上替换所有氨基酸为亮氨酸残基，成功合成了 4 种抗菌肽。

2. 片段合成法

片段合成法源自于固相合成，也被称为“多肽片段连接法”。它的基本原理是利用固相合成的方法先合成所要合成的多肽段中的一个个片段，然后通过分别纯化，把这些多肽片段在溶液中或是树脂上再按照一定的顺序连接起来。固相合成通常合成超过 30 个氨基酸的多肽会相当困难，而利用这个方法就能够合成出来的较长的多肽来。能够合成的多肽长度可达 40~200 个的残基。

虽然能合成较长的肽链，但每一个片段都要进行纯化，比较消耗时间，且需消耗更多的试剂，增加了相应的成本。但对于一般方法不能合成的多肽，这种方法是唯一的选择。

近年来，又发展出“自然化学连接”方法，实现了未保护的多肽片段的高效连接，成为合成多肽的常用有效手段。

3. 组合化学法

组合化学法也称“组合库”或“自动合成法”，是由新药的制造筛选，进而发展起来的一种不同于以往的化学合成的方法。组合化学合成法的基本原理是把一类化学结构相似、性质不同的化学单体作为合成的材料，让其在同一种条件下进行过反应，所得到的产物会根据一定的组合规律，进而得到多种类型且互不相同的化学物质。现通过使用组合化学库作为一种工具来研究抗菌肽的结构与功能关系，进而发现新型肽链。

三、抗菌肽人工合成方法中存在的问题

化学合成由于材料成本和技术的原因，对多肽合成长度有一定的限制，且多为线性，不具有复杂的二级结构，并且往往所需时间较长，进而限制了新型抗菌肽的研制与应用。同时化学合成过程中二硫键的形成比较困难，而且纯化比较复杂。

第三节　基因工程抗菌肽的研究方法

一、基因工程抗菌肽的意义

传统分离抗菌肽的方法主要是用生物化学方法直接分离抗菌肽，再研究其结构特点与功能活性。通过人工诱导内源性抗菌肽的表达，一般是注射抗原后通过获得组织匀浆，再进行分离纯化和活性研究。但分离提纯具有抗菌活性的组分无疑是一件非常烦琐的工作，且不同的实验条件对于组分纯度的影响很大。天然存在的抗菌肽产量很低，无法从动植物体内大量提取；而化学合成肽价格昂贵，所以国内外都将目光瞄向利用基因工程技术生产抗菌肽。通过基因工程技术实现抗菌肽在体外的规模化表达是今后的研究重点和发展方向，具有广泛的临床和生产应用前景。

二、基因工程方法制备抗菌肽的流程

基因工程抗菌肽的制备过程与普通蛋白质的真核或原核表达方法步骤相一致。图 3-2 显示了基因工程抗菌肽的制备流程。在这个制备过程中，抗菌肽的真核或原核表达是较为关键的步骤。在表达载体构建正确后，一定要对表达产物进行抗菌活性检测。有抗菌活性的表达产物才可能是所要的抗菌肽。

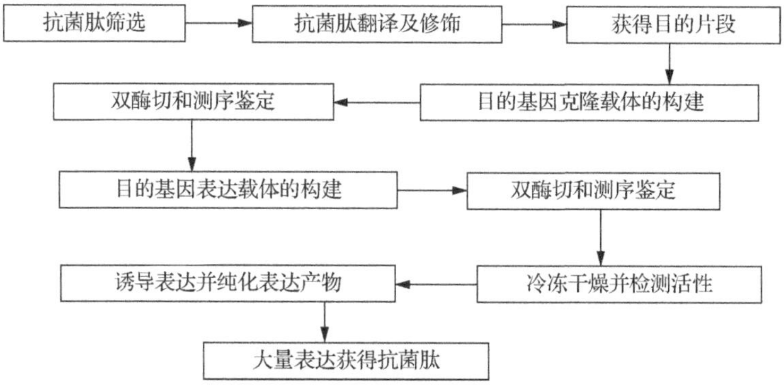

图 3-2　基因工程抗菌肽制备流程示意图

通常情况下，抗菌肽以前体形式合成，由蛋白酶水解以除去阴离子前导肽/信号肽之后释放出成熟肽。大多数抗菌肽不需要外来刺激即可表达，此为组成型表达。而少数抗菌肽需要刺激才能表达，此为诱导型表达。在通过基因工程方法表达不同类型抗菌肽时需考虑到这一点。

三、抗菌肽的表达体系

抗菌肽研究的表达体系包括真核和原核表达体系两种。在原核表达中，大肠杆菌表达体系是用得最多的。真核表达体系有小球藻表达体系、杆状病毒介导的昆虫表达系统、酵母表达体系，其中酵母表达体系用得最多。

(一)原核生物表达系统

1. 大肠杆菌表达体系

大肠杆菌(*E. coli*)遗传图谱明确，易培养、周期短、费用低，对许多蛋白质有较强的耐受能力，能较高水平地表达多种蛋白质，且下游操作工艺简单、易于控制。所以，大肠杆菌是应用于 DNA 重组技术的主要宿主细菌。李秀兰等(1999)对天然抗菌肽 CMIV 的氨基酸序列作了 50%的改动，根据 *E. coli* 偏爱的密码子人工合成了肽基因片段，克隆到测序载体，再将此片段亚克隆至表达载体 pET-28 上进行表达，融合蛋白经溴化氰裂解法(CNBr)裂解后，具有与天然抗菌肽相同的生物活性。

2. 抗菌肽基因在大肠杆菌中的表达策略

(1)密码子优化

稀有密码子在真核与原核细胞中对基因表达有着相似的影响，往往会显著降低抗菌肽基因的表达水平。大肠杆菌基因对密码子的使用有相当程度的偏爱性，主要是因为大肠杆菌基因组缺乏识别这些密码子的 tRNA，表现为在同一密码子家族中只有 1~2 个密码子被频繁使用，大肠杆菌稀有密码子如编码 Ser 的 TCG、TCA，编码 Leu 的 CTG、CTA 等，其使用频率几乎是零。抗菌肽通常富含某种氨基酸，如 Arg、Cys 等。几个稀有密码子成簇存在时对基因在宿主中的表达影响尤为严重。因此，野生型抗菌肽基因很难高效表达，通常不表达。

直接根据表达宿主密码子偏爱性来设计合成抗菌肽的编码基因，对抗菌肽而言是一种更为方便有效的方法。将人 β-防御素基因改造为大肠杆菌的密码子偏爱的基因，在大肠杆菌中获得高效融合表达，融合蛋白占细菌总蛋白质的 50%以上，是野生型基因的 9 倍(Li *et al.*, 2004)。另一种方法是选择合适的表达菌株。Rosetta 系列宿主菌是 BL-21 衍生菌，能够明显增强带有大肠杆菌稀有密码子的真核蛋白的表达，该菌株通过一个相容性的氯霉素抗性质粒补充密码子 AUA、AGG、AGA、CUA、CCC 和 GGA 的 tRNA，这样就实现了大肠杆菌的“万能”翻译，克服了稀有密码子的偏好性对外源基因表达效率的负面影响。

(2) 非融合表达

非融合表达的蛋白质与天然蛋白质在结构等理化特性、功能及免疫原性等方面有很高的一致性，这有益于后续的研究和应用。然而，由于待表达基因在克隆入表达载体时，其 SD 序列与 ATG 之间的距离等影响翻译的因素可能不一定容易处理，最终可能达不到理想的表达效果。这类载体主要有 Pkk223-3、pBV220 等。

(3) 融合表达

由于抗菌肽分子小，易被宿主菌中的蛋白酶降解，而且表达产物对原核宿主菌具有杀伤作用，难以在原核表达体系中直接表达具有天然生物活性的抗菌肽。避免抗菌肽对表达宿主菌的伤害是提高抗菌肽基因表达水平的关键。现在一般以融合蛋白的形式在大肠杆菌中表达抗菌肽基因(这种融合表达策略也适用于真核表达系统)。融合蛋白表达法是在抗菌肽的 N 端连接一段适合在细菌中表达的蛋白质序列，宿主菌表达出这样的融合蛋白没有杀菌活性，不会对宿主造成伤害，从而提高了抗菌肽基因的表达水平。抗菌肽是一段短肽，容易被胞内酶降解，融合蛋白表达也可以防止短肽的降解。同时，融合表达载体的 SD 与 ATG 之间的距离已固定，翻译起始信号安排得很合理。用这类载体表达的蛋白质在 N 端或 C 端融合有一段细菌多肽之外的特异性标签，这有益于表达产物检测和纯化。这类载体有 pGEX 系列、pRSET 系列、pET 载体。

选择与抗菌肽融合表达的载体蛋白时应遵循以下 4 个条件：第一，载体蛋白应比所要表达的抗菌肽大 3~4 倍；第二，载体蛋白的等电点必须比目标多肽低至少 2 个 pH 单位；第三，载体蛋白应该是亲水性的；第四，这个蛋白质对宿主无害。由于融合蛋白通常是来源于大肠杆菌自身的蛋白质，且具有分子伴侣的功能，因此，融合表达不仅可以提高抗菌肽的表达量，还可以帮助其正确折叠，从而获得可溶性蛋白。目前成功的融合表达系统主要有：①谷胱甘肽转移酶(glutathione S transferase，GST)系统，融合蛋白通过谷胱甘肽-Agarose 进行亲和纯化后，用凝血酶或 Xa-因子切除融合蛋白的 GST 部分，获得目的蛋白；②β-半乳糖苷酶系统，融合蛋白用氨基苯硫代半乳糖苷酶(TPEG)-Sepharose进行亲和纯化；③麦芽糖结合蛋白(MBP)系统，通过直链淀粉交联纤维素亲和层析分离纯化；④组氨酸(His)标签系统，表达产物含有6×His标签，对蛋白质的分泌、折叠、功能基本无影响，能高度亲和镍离子，有利于表达产物的分离纯化；⑤金黄色葡萄球菌蛋白A系统；⑥其他融合系统如硫氧还原蛋白等。

(4) 串联表达

抗菌肽分子质量较小，克隆、表达、纯化、检测都会有一定困难。为了从源头上提高目的蛋白的产率，人们采用一个基因多拷贝同向串联融合表达的策略，将抗菌肽基因多拷贝同向串联或将几种抗菌肽相连接形成杂合抗菌肽的方法来提高目的蛋白的产量。沈益等(2007)将TNF(肿瘤坏死因子)基因3′端连接抗菌肽cecrepin-Xm的基因三拷贝串联体，在大肠杆菌BL-21(DE3)中诱导表达，表达后的蛋白质经CNBr切割后用CM52纤维素柱分离纯化得到纯度高达95%的抗菌肽天蚕素——Xm，体外活性实验显示其具有广谱抗菌和抗肿瘤作用。串联表达的方法不受限制酶和载体的局限，既可以提高外源蛋白表达量和稳定性，又不影响抗菌肽的活性，稍加改变便适用于各种基因和载体。

(5) 抗菌肽基因在大肠杆菌中的表达

选用大肠杆菌偏好的密码子，设计合成好抗菌肽基因，将抗菌肽基因克隆到含有蛋白伴侣的专门融合表达载体(如pET、pGEX、pGEM、pMAL等系列)，然后转化入相应的大肠杆菌宿主细胞，最后再经诱导、酶切得到抗菌肽基因表达的蛋白质。Hara等(1996)将42个氨基酸的家蚕源抗菌肽moricin分别与β-半乳糖苷酶和麦芽糖结合蛋白融合，在大肠杆菌中获得了表达，得到了与天然moricin一级结构和分子质量相同的多肽，从2L发酵液的菌体中得到了11mg、纯度为90%以上的重组moricin。卢艳敏等(2011)用pET-21b表达载体进行了抗菌肽magainin-2的融合表达，得到的融合蛋白可直接用于功能研究。

(6) 抗菌肽基因在大肠杆菌中表达的影响因素

抗菌肽基因其自身的性质就是影响表达水平的重要因素。mRNA 5′端非翻译区(5′-UTR)的核苷酸序列和长度影响基因的表达，SD序列位于密码子的上游3~11个核苷酸处，与核糖体16S rRNA的3′互补配对，一般为富含GA的5个核苷酸。起始密码子与SD序列间的适宜距离为4~10个核苷酸。UTR太长或太短都会造成40S亚基的识别障碍，影响基因的有效表达。A+T含量高的基因常会由于提前终止而不能有效转录，因此对AT含量丰富的基因最好是重新设计序列，使A+T含量保持在30%~55%，来避免转录的提前终止。

包涵体的形成是细胞内表达最大的问题。它是细菌表达的蛋白质在胞内相互凝集而形成的无活性固体颗粒，具很强的折光性。包涵体的形成是由于肽链折叠过程中部分折叠的中间态之间的特异性错误聚合，致使不形成成熟的天然或完全解链的蛋白质。包涵体虽然利于分离纯化，但是对表达产物的活性不利。通过改变发酵条件，如降低发酵温度、加入不能代谢的糖、降低培养基的 pH 等来改善蛋白质的溶解性。然而，大肠杆菌表达系统也常常无法得到有活性的抗菌肽。一方面，可能因为在原核表达系统中抗菌肽的二硫键无法正确形成，影响了蛋白质的正确折叠，导致无活性；另一方面，在原核表达系统中抗菌肽无法得到酰胺化修饰，也会影响其活性。

（二）真核生物表达系统

1. 杆状病毒表达体系

杆状病毒表达系统（baculovirus expression vector system，BEVS）的表达效率高，应用的比较广泛。该表达系统主要由转移质粒、线形化苜蓿银夜蛾核型多角体病毒（autographacalifornia nuclear polyhedrosis virus，AcNPV）和草地夜蛾（*Spodoptera frugiperda*）细胞构成。Tanaka（2003）将编码牛乳铁蛋白（bovine lactoferrin，bLF）的基因插入杆状病毒转移载体，分离表达 bLF 的重组病毒，使用抗 bLF 的单克隆抗体从重组的杆状病毒中检测到约 80kU 的 bLF 相关蛋白，并证明 rbLF 在 N 端含有糖蛋白结合位点，说明杆状病毒表达体系成功地表达了目的蛋白。

与大肠杆菌表达体系相比，杆状病毒表达体系具有操作相对简便、培养成本低、表达量高及所表达蛋白质与天然蛋白质特性相似等优势，因此，具有较强的应用潜力。

2. 酵母表达体系

利用酵母表达系统来制备抗菌肽是一种比较安全的、可降低制备成本的方法。酵母比大肠杆菌具有更完备的基因表达调控机制和对表达产物的加工修饰和分泌能力，并且不会产生内毒素，是基因工程中良好的真核基因受体菌。Hong 等（2007）将人皮肤抗菌肽 *LL-37* 基因装载于 pGAPZ-E/LL-37 载体，转染毕赤酵母 X-33，甲醇诱导表达，结果目的蛋白以分泌的形式表达，产物纯化后经藤黄微球菌测试具有抗菌活性；同时，该研究表明抗菌肽可以通过酵母真核表达系统表达，而不必与其他蛋白质融合。

对毕赤酵母表达系统来说，甲醇诱导的温度、方式、用量、诱导时间都会对抗菌肽的表达水平产生影响。毕赤酵母的最适生长温度在 25~30℃。储卫华等（2006）实验表明，在 28℃摇瓶发酵时，抗菌肽抑菌率最高，说明适当低温会提高抗菌肽的表达，但温度过低（≤26℃）会影响菌体的生长，导致抑菌率降低。温度过高，如 30℃发酵时，其抑菌率也有所下降。用两步法（先用甘油培养使细胞达到一定的浓度，再加甲醇诱导）和联合生长培养的方法（在早期加入甲醇诱导）来诱导外源蛋白的表达都有成功的报道。现在一般用两步法来诱导外源蛋白的表达。以甲醇作为诱导剂不但可以诱导 AOX（甲醇氧化酶）启动子驱动外源蛋白的表达，也可以诱导蛋白酶的表达，因此甲醇添加量对外源蛋白的表达可以产生影响，一般添加量为0.5%~1%。诱导时间也是影响因素之一。诱导时间应该在150h左右，外源基因的表达才能达到最高，而有些菌表达时需要诱导200h以上。过短的时间(72h)表达量很低，过长的时间外源蛋白的降解增加。因此，寻求一个产量最佳的时间特别重要。如果用两步法来诱导外源蛋白的表达，则诱导时的起始pH可能是毕赤酵母高效表达重组蛋白的关键因素之一。通过改变诱导时的pH，可使其表达量提高。由于毕赤酵母能忍耐较宽的pH范围(pH3.0~7.0)，因此可调节溶液pH抑制蛋白水解酶活性，防止目的蛋白降解。

3. 小球藻表达体系

小球藻属于绿藻门小球藻属的一种单细胞真核微藻。小球藻表达体系是近年来发展较快的抗菌肽表达体系。目前已有许多关于兔防御素基因在小球藻中表达的报道，如王义琴等(2001)建立了单细胞真核藻类的高效表达系统，将兔防御素*NP-l*基因转入小球藻，体外离体抑菌试验证明，*NP-1*基因已稳定整合到小球藻基因组中，并进行了正确转录和表达。小球藻能作为优良的生物反应器，培育转基因藻，从而正确表达所需蛋白质。此外，多种因素如随机整合与同源重组对外源抗菌肽基因表达也有一定影响，并改变其表达后的活性。

4. 动物细胞表达系统

腺病毒载体作为广泛应用的表达系统之一，能有效感染哺乳动物细胞，具有高效传递和表达基因的能力。石卓等(2006)构建了表达人β-防御素-2的重组腺病毒载体，在cos-7细胞和大鼠体内均能稳定表达。但是，在选择腺病毒载体时，要考虑到腺病毒对宿主的安全性。同时，这个方法的表达产量不高，成本也较大。另外，朱勇军等(2010)构建了表达PR-39的慢病毒表达载体，并在兔骨髓间充质干细胞中进行了表达，上清液对金黄色葡萄球菌有明显的抑制作用。

四、基因工程表达抗菌肽存在的问题

原核表达系统是目前掌握最为成熟的表达系统。其优点在于：能够在较短时间内获得基因表达产物，而且所需的成本相对比较低廉。但与此同时，原核表达系统还存在许多缺点：通常使用的表达系统无法对表达时间及表达水平进行调控；有些基因的持续表达可能会对宿主细胞产生毒害作用；过量表达可能导致非生理反应；目的蛋白常以包涵体形式表达，导致产物纯化困难；翻译后加工修饰体系不完善；表达产物的生物活性较低。真核表达系统的蛋白质表达水平高，生产成本低，但它们的加工修饰体系与哺乳动物细胞不完全相同；哺乳动物细胞产生的蛋白质更接近于天然蛋白质，但其表达量低、操作烦琐。各种表达系统由于翻译后的加工不完全相同，产生的重组蛋白的生物学活性和免疫原性有时也会有差别。如何克服在基因工程表达中的缺点，是在抗菌肽生产表达中的重要问题，同时也是研究表达体系要克服的难点问题。

虽然通过发酵进行规模化生产抗菌肽时有高温浓缩的工序，可充分杀灭表达菌菌体而不导致抗菌肽失活，在理论上不用担心临床上应用抗菌肽时工程菌扩散而导致环境生态问题，但是，就怕杀灭不彻底。因此，建议在审批抗菌肽产品时要像疫苗审批一样，实行批签发制度。

五、基因工程方法筛选抗菌肽

利用差异显示技术(differential display，DD)对进行诱导和未进行诱导的生物的基因差异表达进行研究，可得到一些新的抗菌肽类相关基因。

第四节 转抗菌肽基因生物

通过基因工程技术将抗菌肽基因转入动植物体内，不但增添了动植物的防病抗病能力，而且有望通过转基因动植物大量生产抗菌肽，甚至可能会为人类传染病防治提供新的思路。

一、抗菌肽在转基因动物中的研究

抗菌肽转基因动物的研究起步较晚。目前，还多以抗菌肽转基因小鼠的研究为主，并且已经获得了一些突破。将抗菌肽基因转入动物体内，有两个目的：其一为获得高抗病性的动物个体，提高其抗病力；其二为获得含有抗菌肽的动物性产品，如乳类和血清等。

Reed 等(1997)将小鼠 *IL-2* 基因与抗菌肽 *Shivala* 基因和 SV40 多腺苷酸化基因，剪接信号肽连接构建的融合基因，注入小鼠原核期受精卵，获得 26 个转基因鼠系；用刀豆蛋白 A 刺激转基因小鼠的脾淋巴细胞，检测发现其中 2 个转基因鼠系的脾淋巴细胞可被诱导转录、产生成熟的 *Shivala* mRNA；再用一定量的布氏杆菌感染攻击上述 2 个转基因成功的鼠系和非转基因对照组小鼠；4 周后，检测小鼠脾组织中的布氏杆菌数；结果发现转基因小鼠脾组织中布氏杆菌数明显少于非转基因小鼠($P<0.05$)；表明抗菌肽转基因小鼠获得了较强的抗菌能力。

Yarns 等(1996)将小鼠乳清酸蛋白(*pWAP*)基因调控序列与牛气管抗菌肽(*bTAP*)基因构建的 *pWAP/bTAP* 融合基因，注入小鼠原核期受精卵，成功获得了 *pWAP/bTAP* 转基因小鼠；在此种转基因雌鼠的乳腺中，用 RT-PCR 法检测到目的基因的转录；从其乳汁中获得了目的基因产物即牛气管抗菌肽(bTAP)；体外试验证实，此种转基因产物(bTAP)对大肠杆菌具有杀伤作用。Yarus(2000)曾将牛气管黏膜抗菌肽在小鼠的乳腺组织中进行了表达，重组表达的抗菌肽对大肠杆菌、肺炎克雷伯菌和白色念珠菌均具有较好的抗菌活性。

抗菌肽转基因动物单从技术层面上分析，存在研发周期较长、成功率较低的问题。主要是因为外源抗菌肽基因与所转入的生殖细胞或体细胞间的整合情况无法得到保证，且在转入之前，也缺乏相应手段检测杂合基因或融合基因的整合情况。而使用动物乳腺作为生物反应器获得抗菌肽，虽然生长发育周期相对较长，但其生产周期长，产量大，仍是目前使用最多的手段之一。

二、抗菌肽在转基因植物中的研究

将植物转入抗菌肽基因对其进行遗传改良，以提高其抗病性，成为一条切实可行的出路。常用的研究方法如根瘤农杆菌介导法、基因枪法、显微注射法等都已建立起比较成熟的操作体系，为转抗菌肽基因植物研究奠定了基础。目前，将抗菌肽基因已成功转入多种植物中，其中一部分现已应用于大田生产，并在抗病虫害方面取得了很好的成效。

我国早在 1987 年就开展了“马铃薯抗青枯病基因工程”的研究。由中国农业科学院生物技术中心与中国科学院上海生物工程中心承担的抗青枯病的转基因马铃薯早已获得成功。研究人员以天然抗菌肽中杀菌活力最强的天蚕素 B 为蓝本，设计合成了3种对革兰阳性菌及阴性菌均具有强杀伤活性的新抗菌肽ABP3、Shiva 2A和WHD，通过农杆菌介导法导入我国 7 个马铃薯主栽品种(系)中，共获得了 1050 个转基因株系；经分子检测并在温室及田间人工苗圃中对部分转基因株系接种青枯菌进行了抗病性鉴定；最终筛选得到了 3 个比原始品种抗病性提高 1~3 级，达到中抗的株系。

在国外，抗菌肽转基因植物的研究也有许多成功的例子。美国路易斯安那州安大学 Jaynes 和 Dodds 将抗菌肽 *Shiva-1* 基因转入烟草，结果转基因烟草青枯病发病明显推迟，病情指数和植株死亡率均降低(邱晓燕，2002)。Morassutti 等(2002)将哺乳动物源抗菌肽以融合蛋白的方式在烟草中进行了表达，其重组抗菌肽具有抗菌活性。

其他转抗菌肽基因植物的研究也取得了较好的效果，如转抗菌肽基因水稻、樱桃、番茄、桑树、辣椒等。目前，转抗菌肽基因马铃薯和转抗菌肽基因番茄已经取得巨大的经济效益。总之，转抗菌肽基因植物的建立与应用，已成为当前在抗病植物研究中的热点之一。

三、问题与展望

转抗菌肽动植物潜力巨大。但目前仍存在一些问题，如抗菌肽分子小，易被蛋白酶降解，其表达产物可能对宿主有害，而且目前缺乏检测抗菌肽的抗体；目的基因在宿主基因组中的随机整合有可能造成宿主染色体突变，同时也可能影响目的基因的表达；转抗菌肽基因动植物阳性率偏低及其最终应用时的安全性还有待研究等。

随着对抗菌肽及转其基因技术在理论和应用上更深入的研究，以上问题将会逐步得到解决。

第五节 抗菌肽的人工改造与设计

一、抗菌肽人工改造与设计的意义

天然抗菌肽以其分布广泛、不易产生耐药性、不产生药物残留的问题而受到广泛关注。但是，抗菌肽在实际临床应用上仍有许多缺陷。许多天然抗菌肽存在抗菌活性不高、有溶血性和细胞毒性等缺陷，甚至某些抗菌肽易被降解、活性不稳定。通过大规模筛选以寻找具有优良性状的天然抗菌肽显然是下策。同时，近年来，某些阳离子抗菌肽(cationic AMP)出现了耐药性情况，如金黄色葡萄球菌通过分泌具有纤溶活性的葡萄球菌激酶以灭活 α-防御素。因此，有必要对抗菌肽进行分子设计出新抗菌肽与改造已有的抗菌肽以解决抗菌肽的耐药性、细胞毒性、溶血性等问题。

根据已有抗菌肽的相关知识，应用现代科学技术进行人工改造和设计新型抗菌肽以达到或满足不同需求已经成为可能。结构与活性关系的研究为抗菌肽的分子设计与改造提供了理论依据。目前，国内外有许多不同的方法或理论用于抗菌肽的人工改造与设计，经验证后，表明改造或设计的新抗菌肽具有比天然抗菌肽更好的生物学特性。如 APP 数据库中的 Design 功能可以利用基序信息来设计新型抗菌肽。

二、抗菌肽的人工改造与设计

随着生物信息学的发展，通过软件的比较和分析，根据已有抗菌肽的结构和氨基酸的序列进行改造和人工设计，以获得更高活性的抗菌肽。在改造和设计的过程中，要注意保持抗菌肽的阳离子性和两亲性以保证抗菌肽的抗菌活性，同时要注意结构的简化。获得高活性抗菌肽的改造和设计过程往往需要经过多个循环，这个循环被称为“设计循环”。

1. 氨基酸替换、移动、插入或去除

某些抗菌肽具有很好的活性，但对宿主细胞具有一定的毒性。这时可以通过改变天然抗菌肽序列中的某些氨基酸以避免这种缺陷。如分离自蛙皮的抗菌肽 XT-7 具有抗感染、抗肿瘤等功效，但却有溶血性。Subasinghage 等(2010)将 XT-7 序列中的 Gly 替换为 Lys，虽然降低了抗菌肽的螺旋性及疏水性，但同时降低其溶血毒性，并提高了对包括耐甲氧西林金黄色葡萄球菌和白色念珠菌等的杀菌能力。

2. 构建杂合肽

将不同抗菌肽的优点集于一身，以获得更高活性的抗菌肽。Shin等(2001)将天蚕素A N端的8个氨基酸与magainin-2 N端的12个氨基酸相连，合成得到了杂合链天蚕素A(1~8)-magainin-2(1~12)(缩写CE-MA)，结构CE-MA表现出很强的抗细菌活性，且没有溶血性。

3. 截取肽

Subbalakshmi 等(1999)合成了蜂毒肽 C 端的 15 个氨基酸残基(MCF)，MCF 包含了蜂毒肽的大部分两亲性片段，其抗菌活性比蜂毒肽高 5~7 倍，但溶血活性低 300 倍。Ueta 等(2001)截取乳铁蛋白的不同部位，发现其 N 端 10 个残基(FKCRRWQWRM)的短肽保留了很好的抗真菌活性，并具有激活中性粒细胞的活性，说明乳铁蛋白的活性主要依赖于 N 端序列。

4. 增加正电荷含量

将正电荷引入抗菌肽会引起抗菌活性的增加，而将负电荷引入则会引起抗菌活性降低。Ahn 等(2006)对 Tenecinl(一种来自昆虫的防御素)中 α 螺旋片段(DAACAAHCLFR)进行定点突变，将第 1、第 7、第 10 位的氨基酸突变为强碱性的色氨酸和赖氨酸，使原本无活性的 Ll 片段具备了抗细菌活性和抗真菌活性，且没有增加溶血活性。

5. α 螺旋轮模型

目前认为螺旋结构对抗菌肽发挥抗菌作用至关重要。利用螺旋轮法设计 α 螺旋抗菌肽的做法比较简单，就是在疏水和亲水残基交替出现在一条序列中，以形成两亲性 α 螺旋。基于螺旋轮模型来研究抗菌肽的构效关系及筛选抗菌肽已经被广泛应用并不断成熟。王良等(2014)根据 α 螺旋轮模型设计了一个新型的 α 螺旋抗菌肽 LK(图 3-3)，以 L(亮氨酸)为疏水面，以 K(赖氨酸)为亲水面，其具有很强的酸碱盐稳定性，具有较低的溶血活性和细胞毒性。

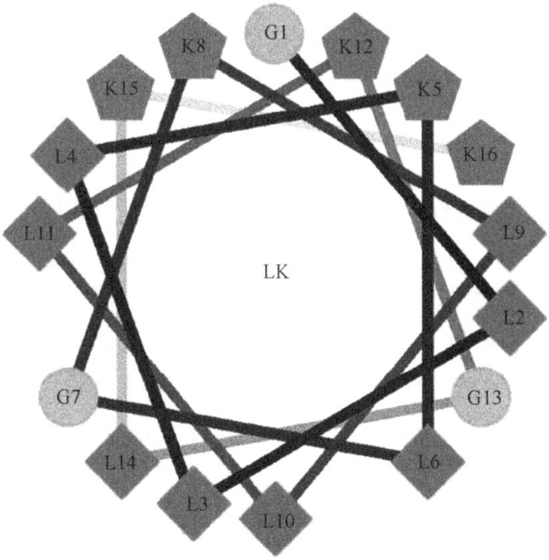

图 3-3　LK 的螺旋轮结构(王良等，2014)

L. 亮氨酸；K. 赖氨酸；G. 甘氨酸。数字表示氨基酸在肽序列中的位置

三、抗菌肽改造与设计的软件

1. 在线免费软件

对于抗菌肽链的一级序列性质分析和二级结构预测有很多网站提供免费在线分析，如 http://www.expasy.org。

2. 商品化的软件

代表性软件是 Accelrys 公司的 Insight Ⅱ三维图形环境软件包。集成了从生物分子结构功能研究到基于靶点药物设计的全套工具，是生物学家从事理论研究和具体实验方案设计的助手。

3. 本地免费软件

如蛋白质序列分析软件包 ANTHEP-ROI50，包括了蛋白质研究领域的大多数内容，功能非常强大。应用此软件包能进行各种蛋白质序列分析与特性预测。

第六节　抗菌肽活性检测方法

一、建立抗菌肽活性检测方法的意义

不论通过什么方法获得的多肽或粗分离物，都必须进行活性分析。在通过化学试剂法提取抗菌肽的过程中，许多关键步骤都要进行活性分析。只有具有活性的多肽或粗分离物，才具有实际应用价值或进行进一步纯化的意义。针对筛选抗菌肽的目的的不同，对分离的多肽或粗提物进行不同目的的活性分析，主要包括抗细菌活性分析、抗病毒活性分析、抗真菌活性分析、抗寄生虫活性分析、抗肿瘤活性分析和免疫调节活性分析。

二、抗菌肽抗细菌活性检测方法

抗菌肽抗细菌活性的分析方法主要有琼脂扩散法、微量稀释法。

1. K-B 琼脂扩散法

这个方法类似于药敏试验方法。将液体培养的处于对数生长期的受试菌株(如金黄色葡萄球菌、绿脓杆菌、大肠杆菌)用无菌生理盐水稀释至浓度为 0.5 麦氏标准浓度单位，取 0.5ml 菌液均匀涂布于 LB 平板，并置于超净工作台内吹至琼脂表面肉眼看不见液体。然后将已消毒的牛津杯置于琼脂上，加入不同稀释倍数的抗菌肽或粗提物溶液，盖上盖子。如果采用打孔的方法，则要记住封底。37℃培养 16~18h 后观察结果，量取抑菌环直径(mm)。也可通过纸片方法检测抗菌肽的抗菌活性。

2. 微量稀释法

以灭菌的去离子水分别溶解适量的冻干浓缩抗菌肽或粗提物，用培养基稀释各样品，于 96 孔酶标板上每孔加样 100μl。取对数生长期的受试菌株分别用无菌生理盐水稀释至菌浓度 10^7cfu/ml，然后每孔加入 5μl 菌液，空白对照为不加菌液。37℃培养箱孵育 16~18h 后观察。另有一种改良的 TTC 微量稀释法，其在培养基中加入氯化三苯基四氮唑(TTC)，利于结果的观察，并能得到较好的结果。

如果通过测定培养液的吸光度来计算杀菌效价(或称为杀菌活力单位，U)时，$U^2=(A_0-A)/A_0$，A_0 为空白对照的吸光度值，A 为试验组的吸光度值，测定时要选择适宜的波长。如果通过细菌计数方法计算杀菌率时，杀菌率(%)=[(对照组细菌数−试验组细菌数)/对照组细菌数]×100%。

3. 检测方法的比较

在抗菌肽活性测定过程中发现，K-B 琼脂扩散法对于水溶性好的小分子物质具有很好的扩散效果，而对于抗菌肽类大分子则表现为扩散能力有限，往往得不到较好的结果。微量液体稀释法克服了抗菌肽分子因分子结构复杂而无法快速扩散的问题，使抗菌肽直接与测定菌接触，快速得出药敏结果；传统的微量稀释法能够同时处理大批样品，对于样品的需求量也少，但单纯地利用肉眼分析，观察容易得出错误的结论；而在微量稀释法中加入 TTC 后则对于抗菌肽的活性测定更加方便准确，此法更适合在抗菌肽分离纯化过程中应用。

4. 电镜观察法

抗菌肽作用于细菌后会导致细菌细胞形态发生变化(图 3-4)，这种变化可以通过电子显微镜进行观察。具体的试验操作过程可以参见更专业书籍。

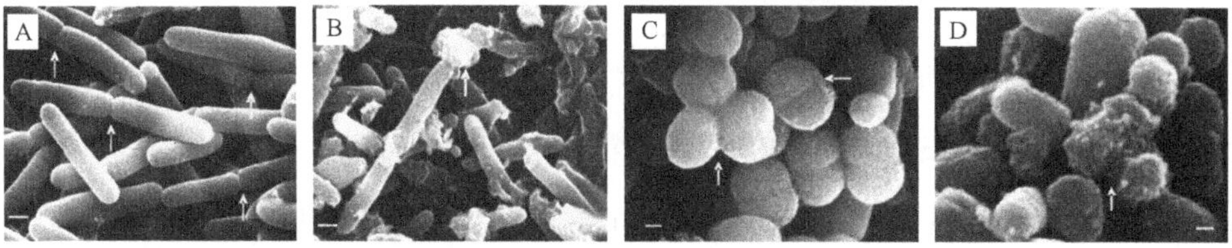

图 3-4　扫描电镜检测抗菌肽对细菌细胞形态的影响(张艳梅等，2008)

A. 正常的绿脓杆菌表面光滑、常见分裂现象(↑)，比例尺=0.5μm；B. 猪血抗菌肽作用的绿脓杆菌菌体干瘪、皱缩、胞质内容物溢出、堆积于菌体一端(↑)，比例尺=0.5μm；C. 正常的金黄色葡萄球菌分裂增殖活跃(↑)，比例尺=0.2μm；D. 猪血抗菌肽作用的金黄色葡萄球菌菌体表面许多小的棘突(↑)、明显的凹陷，比例尺=0.2μm

三、抗菌肽抗病毒活性检测方法

1. 细胞病变法

这种方法主要适用于可以引起细胞病变的病毒。将一定浓度的细胞在 96 孔或 48 孔培养板中培养 24h，按正常方法将已知病毒滴度的病毒接种于孔中，作用 2h

左右，将不同稀释度的抗菌肽溶液加入孔中，继续培养。然后于不同时间点观察细胞病变。实验中，以正常培养的细胞为阳性对照，以只感染病毒的细胞为阴性对照。细胞病变可分为 5 级，0 级为 100%无细胞病变(CPE)，25%、50%、75%细胞出现 CPE 分别计为 1 级、2 级和 3 级，4 级为 100%细胞出现 CPE。级别越低，表明抗病毒效果越好。

2. MTT 法

活性染料仅对活细胞染色，而病毒感染破坏的细胞不被染色。四甲基偶氮唑盐(MTT)是常用的染料。在细胞培养液中加入染料，在不同时间点，于 507nm 处测定吸光度(OD)。该方法有灵敏度高、重复性好、简便、快速、无放射性、无污染等优点。通过 OD 值来比较抗菌肽抗病毒活性的高低。

3. 病毒定量法

蚀斑减数法是一种常用的病毒定量的方法。抗菌肽处理后，蚀斑数减少，表明病毒的复制受到抑制。通过计算蚀斑的多少来比较抗菌肽抗病毒活性的高低。

其他病毒定量的方法还包括检测病毒抗原和检测病毒核酸的方法。其中，荧光定量 PCR 方法是目前比较常用的病毒定量方法。当病毒的数量较低，表明抗菌肽的活性较高。

4. 鸡胚培养法

利用鸡胚培养法研究抗菌肽的抗病毒作用具有简单易行、方便快捷的特点。通过常规方法检测尿囊液或胚体中病毒的数量来判断抗菌肽的抗病毒作用。也可以通过观察胚胎的生长情况来判断抗菌肽的抗病毒作用。

四、抗菌肽抗真菌活性检测方法

抗菌肽抗真菌活性的检测方法与抗细菌活性的检测方法基本相同。

五、抗菌肽抗寄生虫活性检测方法

以抗弓形虫为例简要介绍抗菌肽的抗寄生虫活性检测方法。

1. 体外法

将一定浓度的弓形虫速殖子悬液置于 96 孔或 48 孔培养板中，再加入不同浓度的抗菌肽溶液，以不含虫体的培养液为调零孔，以不加抗菌肽的含弓形虫的培养液为阴性对照孔，在不同时间点加入 MTT，培养一段时间后，加入 SDS，以溶解 MTT 还原产物，作用一段时间后，用酶标仪测定 450nm 处的吸光度。弓形虫抑制率(%)=(1−抗菌肽组平均吸光度值/对照组平均吸光度值)×100%。

2. 细胞内法

将一定浓度的细胞加入 24 孔培养板(孔中含有一张盖玻片)中，培养一段时间后，加入一定浓度的弓形虫悬液，再培养一段时间，然后加入一定浓度的抗菌肽溶液，于不同时间点取出盖玻片，用甲醇固定，干燥后用瑞氏染液染色 30min，蒸馏水冲洗，二甲苯透明，封片，用油镜观察弓形虫速殖子侵入细胞的情况。每张片子随机计数 100 个细胞，计算侵入率。侵入率=(弓形虫感染细胞/100)×100%。

六、抗菌肽抗肿瘤活性检测方法

1. MTT 法

将对数生长期的肿瘤细胞或癌细胞制备成一定浓度的单细胞悬液，接种于 96 孔或 48 孔培养板中，加入不同浓度的抗菌肽溶液，以正常培养的肿瘤细胞或癌细胞为阴性对照，以已知具有抗肿瘤细胞或抗癌细胞作用的药物处理为阳性对照。培养一段时间后，弃去培养液，加入 MTT，继续培养一段时间，再弃去培养液，加入二甲基亚砜(DMSO)，用酶标仪检测 490nm 处的吸光度。抑制率=(1−试验孔平均吸光度/对照孔平均吸光度)×100%。

2. 动物模型法

建立好动物肿瘤模型。选择瘤体可测量的肿瘤模型动物，注射或口服不同浓度的抗菌肽溶液，以生理盐水为阴性对照，以已知具有抗肿瘤作用的药物为阳性对照。处理一段时间后，称量瘤体重，计算抑制率。抑制率=(对照组平均瘤体重−实验组平均瘤体重)/对照组平均瘤体重。

七、抗菌肽调节免疫活性检测方法

通过活体动物试验来进行抗菌肽的免疫调节活性分析是一个比较常用的方法。对不同日龄的动物饲喂含一定浓度抗菌肽的饲料，或将一定浓度的抗菌肽添加到饮水中，经过一段时间的饲养后，于检测时间点采集样本，检测各种免疫指标，如免疫器官指数(胸腺、脾和法氏囊的指数)、免疫细胞(T 淋巴细胞、B 淋巴细胞、吞噬细胞、巨噬细胞、NK 细胞、DC 细胞等)、免疫分子(如白细胞介素、集落刺激因子、干扰素、炎症因子、补体等)、淋巴细胞转化率。以基础日粮为阴性对照，以已知具有免疫调节活性的物质为阳性对照，通过比较检测指标之间的差异，来判断抗菌肽的免疫调节活性。

第六节 抗菌肽数据库简介

一、抗菌肽数据库的简述

关于抗菌肽的研究不断深入，多个国家的研究者已建立了抗菌肽的数据库。自 2002 年至今，共建立了 10 多个抗菌肽数据库。经过多年抗菌肽数据库的不断更新和补充，可以通过各种数据库及时地了解抗菌肽的研究进展，包括序列比对、分析、结构预测、结构和功能关系、分子改造设计等。随着抗菌肽研究的不断深入，新的抗菌肽信息不断被补充到数据库中(表 3-1)。今后还会建立更多的抗菌肽数据库并不断进行维护。当然，也有一些数据库因维护不善而出现了问题，难以登录。

表 3-1　部分抗菌肽数据库网址

数据库名称	数据库网址
APD	http://aps.unmc.edu/AP/main.html
AMPer	http://marray.cmdr.ubc.ca/cgi-bin/amp.pl
CAMP	http://www.bicnirrh.res.in/antimicrobial
DAMP	http://apps.sanbi.ac.za/dampd/
CyBase	http://www.cybase.org.au/
Defensins Knowledgebase	http://defensins.bii.a-star.edu.sg
Penbase	http://penbase.immunaqua.com/
Peptaibol	http://www.cryst.bbk.ac.uk/peptaibol/home.shtml

二、部分抗菌肽数据库简介

1. APD 数据库(antimicrobial peptide database)

专门收录抗菌肽，由美国内布拉斯加州立大学医学中心的Eppley研究所维护。目前，该数据库已收录 2493 种抗菌肽。主要将抗菌肽分为四类：抗病毒肽、杀真菌肽、抗癌或肿瘤肽和抗细菌肽，其中 244 种来自细菌、2 种来自古细菌、13 种来自真菌、312 种来自植物、7 种来自原生生物和 1874 种来自动物。APD 提供了肽查询、预测和设计的交互式界面。多肽信息能够使用关键词，如多肽名字、ID、长度、静电荷、疏水比例、关键残基、独特序列 motif、结构和活性进行搜索。APD 是研究抗菌肽构效关系的一种有用工具。拥有的 Prediction 和 Design 功能可以帮助研究者预测自身抗菌肽的活性或帮助其利用基序信息从而设计新型抗菌肽。Statistical info 引擎通过整合抗菌肽的序列、结构，以及功能、来源、相似性等来分类统计所需信息。

2. AMPer 数据库

可对天然抗菌肽序列进行分类，利用 Hidden Markov Model(HMM，该模型可用于氨基酸序列的分析及预测)从牛基因组中预测新型抗菌肽序列。

3. CAMP 数据库(collection of antimicrobial peptide)

该数据库是抗菌肽研究的有用资源。该数据库可以提供抗菌肽的序列、蛋白质定义、登录号、活性、来源生物名、带 MIC 值的靶标生物、溶血活性、蛋白质家族描述等信息，并与其他数据库如 SwissProt、PDB、PubMed 及其他抗菌肽数据库相链接，并欢迎研究人员提交新抗菌肽序列。该数据有 5040 种抗菌肽序列、

682 种抗菌肽结构。

4. DAMP 数据库(dragon antimicrobial peptide database)

该数据库包含了 1232 个手工精选的 AMP，是 ANTIMIC 数据库的一个更新和替代。在 DAMP 数据库中，一个整合的界面允许基于分类学、物种、AMP 家族、引用、关键词等以一种简单的方式查询，以及搜索术语和域的组合查询(高级搜索)。另外还提供了许多工具，如 Blast、Clustal W、HMMER、Hydrocalculator、SignalP、AMP 预测器以增强 AMP 的生物学分析。

5. CyBase(the database of cyclic protein)数据库

由澳大利亚昆士兰大学分子生命科学院管理，专门研究环肽类的环状蛋白质序列和结构数据库。

6. 防御素数据库(defensin knowledgebase)

该数据库专门提供防御素家族抗菌肽的信息资源，目前的数据库收集了约 363 种防御素(其中至少有 46 条附有 3D 结构模型)，记录了每一种防御素所包含的序列、结构和活性等信息。该数据库可以通过与其他网络链接、生物机体、种族、抗微生物类型及其他一些属性来进行搜索。该数据库还有两个序列整合分析工具(Blast、Clustal W)。

7. PenBase 数据库(the shrimp penaeidin database)

PenBase 数据库创立于 2005 年，是专用于 penaeidin 的数据库。PenBase 提供关于 penaeidin 属性、功能、多样性和命名原则的综合信息。PenBase 包含由小群或虾种类列出所有已知的 penaeidin 抗菌肽的一个数据库部分。

8. Peptaibol 数据库

Peptaibol 数据库是专门收集罕见抗菌肽的数据库，生物信息学资源来自英国伦敦大学 Birkbeck 学院，于 2003 年创建。收集的抗菌肽主要来源于木霉属、翅孢壳属等真菌。该数据库除了提供天然 Peptaibol 的序列、生物源及参考文献资料等外，同时还不断整理通过晶体学或核磁共振波谱法等得到的 Peptaibol 的 3D 结构。

参考文献

曹佐武. 2004. 有效分离 1kDa 小肽的 Tricine-SDS-PAGE 方法. 中国生物工程杂志, 24(1): 74-76.

储卫华, 李大力, 汪信. 2006. 抗菌肽基因在毕赤酵母中分泌表达及其条件优化. 农业生物技术学报, 14(6): 976-980.

李丽. 2010. 抗菌肽 Abaecin 制备及其对肉鸡生长及免疫影响的研究. 呼和浩特: 内蒙古农业大学博士学位论文.

李秀兰, 戴祝英, 张双全, 等. 1999. 家蚕抗菌肽 CMIV 基因结构改造及表达产物的研究. 中国生物化学与分子生物学报, 15(3): 387-391.

凌斌勋. 2002. 柞蚕抗菌肽抗人鼻咽癌 CNE2 的实验研究. 广州: 第一军医大学硕士学位论文.

刘莉如. 2012. 天蚕素抗菌肽对蛋用仔公鸡生长、免疫及相关细胞因子 mRNA 表达水平影响的研究. 乌鲁木齐:新疆农业大学硕士学位论文.

卢艳敏, 崔海信, 王承民, 等. 2011. 抗菌肽 Magainin Ⅱ的原核表达与抗菌活性分析. 河北农业大学学报, 34(5): 59-62, 68.

陆莹瑾, 王禾, 屈贤铭. 1997. 抗菌肽的固相合成、分离纯化与构效关系的研究. 生物工程学报, 13(1): 35-41.

马卫明, 余锐萍, 彭芳珍, 等. 2004. 猪小肠抗菌肽的提取及部分生物学活性研究. 科学技术与工程, 4(3): 202-205.

邱晓燕. 2002. 抗菌肽的免疫功能和应用前景. 生物学通报, 37(1): 24-25.

沈益, 劳学刚, 耿伟, 等. 2007. 抗菌肽 cecmpin-Xm 在大肠埃希菌中的串联表达与抑瘤作用. 中国抗生素杂志, 32(12): 757-761.

石皖荣. 2013. 牛乳铁蛋白抗菌肽抗人肺癌细胞增殖及其作用机制研究. 合肥: 安徽医科大学硕士学位论文.

石卓, 舒强, 赵正言, 等. 2006. β-防御素 2 基因腺病毒表达载体的构建与真核表达浙江大学学报(医学版), 35(6): 590-595.

孙亚平, 刘倩宏, 杨洋, 等. 2013. 猪源抗菌肽的粗提及生物学活性的初步验证. 吉林农业科技学院学报, 22(4): 4-6.

王良, 马清泉, 单安山, 等. 2014. 利用亮氨酸和赖氨酸设计新型 α 螺旋抗菌肽. 微生物学通报, 41(2): 312-318.

王旭, 何冰芳, 李霜, 等. 2003. Tricine-SDS-PAGE 电泳分析小分子多肽. 南京工业大学学报, 25(2): 79-81.

王义琴, 陈颖, 白琴华, 等. 2001. 以小球藻为载体生产兔防御素的研究. 高技术通讯, 9: 1-5.

肖玉秀, 岳卫华, 达世禄. 2000. 氮杂 18-冠-6 键合硅胶固定相上小分子肽的高效液相色谱研究. 氨基酸和生物资源, 22(2): 49-53.

薛楚标, 李崇熙. 1985. 固相多肽合成法的发明者-布鲁斯·梅里菲尔德. 化学通报, 6: 65-68.

于娟. 2009. 家蝇幼虫抗菌肽抗弓形虫作用的初步研究. 太原: 山西医科大学硕士学位论文.

张艳梅, 余锐萍, 刘天龙, 等. 2008. 猪血中抗菌肽类物质的分离纯化和抗菌活性研究. 科技导报, 26(2): 33-37.

周旋, 肖向红, 李玉. 2013. 东北林蛙皮肤抗菌肽 dybowskin-1ST 的抗病毒活性分析. 野生动物, 34(3): 171-173.

朱勇军, 翁玄, 陈婷梅, 等. 2010. 慢病毒介导抗菌肽 PR-39 基因在兔骨髓间充质干细胞中的表达及抗菌活性检测. 中国抗生素杂志, 35(4): 305-309.

Agerberth B, Lee J Y, Bergman T, *et al*. 1991. Amino acid sequence of PR-39: Isolation from pig intestine of a new member of the family of proline-arginine-rich antibacterial peptides. Eur J Biochem, 202(3): 849-854.

Ahn H S, Cho W, Kang S H, *et al*. 2006. Design and synthesis of novel antimicrobial peptides on the basis of alpha helical domain of Tenecin 1, an insect defensin protein, and structure-activity relationship study. Peptides, 27(4): 640~648.

Aono S, Li C, Zhang G, *et al*. 2006. Molecular and functional characterization of bovine beta-defensin-1. Vet Immunol Immunopathol, 113(1-2): 181-190.

Baumann M, Golabek A, Lalowski M, *et al*. 1996. Micropreparative gel electrophoresis of low-molecular-weight peptides: purification of highly insoluble amyloid peptide fragments. Anal Biochem, 236(2): 191-198.

Bouhallab S, Henry G, Boschetti E. 1996. Separation of small cationic bioactive peptides by strong ion-exchange chromatography. J Chromatogr A, 724(1-2): 137-145.

Chin E T, Papac D I. 1999. The Use of a porous geaphitic carbon column for desalting hydrophilic peptides prior to matrix-assisted laser desorption/ ionization time-of-flisht mass spectrometry. Anal Biochem, 273(2): 179-185. 1991.

Diamond G, Zasloff M, Eck H, *et al*. 1991. Tracheal antimicrobial peptide, a cysteine-rich peptide from mammalian tracheal mucosa:peptide isolation and cloning of a cDNA. Proc Nati Acad Sci USA, 88(9): 3952-3956.

Fu H, Jin W, Xiao H, *et al*. 2003. Peptides separation in hydrophilic interaction Capillary electrochromatography. Electrohoresis, 24(12-13): 2084-2091.

Hara S, Yamakawa M. 1996. Production in *Escherichia* of moricin, a novel type antibacterial peptide from the silkworm, Bombyx mori. Biochem Biophys Res Commun, 220(3): 664-669.

Hong I P, Lee S J, Kim Y S. 2007. Recombinant expression of human cathelicidin (hCAP18/LL-37) in *Pichia pastoris*. Biotechnol Lett, 29(1): 73-78

Howell S J, Wilk D, Yadav S P, *et al*. 2003. Antimicrobial polypeptides of the human colonic epithelium. Peptides, 24(11): 1763-1770.

Li P, Xu Z N, Fang X G, *et al*. 2004. Preferential codons enhancing the expression level of human beta-defensin-2 in recombinant *Escherichia coli*. Protein Peptid Lett, 11(3): 339-344.

Morassutti C, De Amicis F, Skerlavaj B, *et al*. 2002. Production of arecombinant antimicrobial peptide in transgenic plants using amodified VMA intein expression system. FEBS Lett, 519(1-3): 141-146.

Petritis K, Brussanx S, Guenu S, *et al*. 2002. Ion-pair reversed-phase liquid chromatography-electrospray mass spectrometry for the analysis of tinderivatized small peptides. J Chmmatogr A, 957(2): 173-185.

Premstaller A, Oberacher H, Walcher W, *et al.* 2001. High-performance liquid chromatography-electrospray ionization mass spectrometry using monolithic capillary columns for proteomic studies. Anal Chem, 73 (11) : 2390-2396.

Reed W A, Elzer P H, Enright F M, *et al.* 1997. Interleukin 2 Promiter/enhancer controlled expression of a synthetic Cecropin-class lytic peptide in transgenic mice and subsequent resistance to *Brucella abortus*. Transgenic Res, 6 (5) : 337-347.

Rotarier J, Bars D, Gripon J. 1995. Separation and identification of hydrophilic peptides in dairy products using FMOC derivatization. J Chmmatogr A, 696 (2) : 209-217.

Sarfo K, Moorhead G, Turner R J. 2003. A novel procedure for separating small peptides on polyacrylamide gels. Letters in Peptide Science, 10 (2) : 127-133.

Schagger H, von Jagow G. 1987. Tricine-sodium dodecyl sulfate-polyacrylamide gel electrophoresis for the separation of proteins in the range from 1 to 100 kDa. Anal Biochem, 166 (2) : 368-379.

Semmerer N, Salles C, Prom D, *et al.* 2001. Isolation of oligope ptides from the water-soluble extract of goat cheese and their identification by mass spectrometry. J Agric Food Chem, 49 (1) :402-408.

Shin S Y, Lee S H, Yang S T, *et al.* 2001. Antibacterial, antitumor and hemolytic activities of alpha-helical antibiotic, P18 and its analogs. J Peptide Res, 58 (6) : 504-514.

Subasinghage A P, Conlon J M, Hewage C M. 2010. Development of potent anti-infective agents from Silurana tropicalis: conformational analysis of the amphipathic, alpha-helicalantimicrobial peptide XT-7 and its non-haemolytic analogue [G4K] XT-7. Biochim Biophys Acta, 1804 (4) : 1020-1028.

Subbalakshmi C, Nagarai R, Sitaram N, *et al.* 1999. Biological activities of C-terminal 15-residue synthetic fragment of melittin: design of an analog with improved antibacterial activity. FEBS Letters, 448 (1) : 62-66.

Tanaka T, Nakamura I, Lee N Y, *et al.* 2003. Expression of bovine lactoferrin and lactoferrin N-lobe by recombinant baculovirus and its antimicrobial activity against Prototheca zopfii. Biochem Cell Biolv, 81 (5) : 349-354.

Tarver A P, Clark D P, Diamond G, *et al.* 1998. Enteric β-defensin: molecular cloning and characterization of a gene with inducible intestinal epithelial cell expression associated with Cryptosporidium parvuminfection. Infect Immun, 66 (3) : 1045-1056.

Ueta E, Tanida T, Osaki T. 2001. A novel bovine lactoferrin peptide, FKCRRWQWRM, suppresses Candida cell growth and activates neutrophils. J Pept Res, 57 (3) : 240-249.

Yarns S, Rosen J M, Cole A M, *et al.* 1996. Production of active bovine trachea antimicrobial peptide in milk of transgenic mice. Proc Natl Acad Sci USA, 93 (24) : 14118-14121.

Yarus M. 2000. Perspectives: protein synthesis. Unraveling the riddleof ProCys tRNA synthetase. Science, 287 (5452) : 440-441.

Ye M, Zou H, Liu Z, *et al.* 2000. Separation of peptides by strong cation-exchange capillary electrochromatography. J Chromatogr A, 869 (1-2) : 385-394.

第四章　猪源抗菌肽

猪是世界各国均养殖的哺乳动物，是人类食物性肉类的重要来源。但是，猪的病毒性疫病和细菌性疫病及寄生虫性疫病一直威胁着猪的健康。抗生素和疫苗在治疗和预防动物疫病有着重要的作用，但均不能完全保护猪的健康。因此，有必要开发其他有效制剂来补充抗生素和疫苗的不足。抗菌肽是其中一个不错的选择。

从猪体内分离得到的抗菌肽就是猪源抗菌肽。猪体内的不同部位存在着很多的抗菌肽，其生物学功能多样。本章主要就猪源抗菌肽作一些简要介绍。

第一节　猪源抗菌肽的类型

目前已发现的猪源抗菌肽有 30 多种。它们都具有分子质量小、带正电荷、热稳定性好等特点，同时对多种微生物有杀灭作用。根据分子结构特征，主要将猪源抗菌肽分为防御素家族(Defensins)、cathelicidin 家族及其他家族。

一、防御素家族

哺乳动物的防御素是由骨髓细胞、上皮细胞以前体形式合成，前体包含信号肽、保守的 PRO 结构序列和一个具有生物学活性的抗菌肽。防御素的分子质量为 3~5kU，呈多聚阳离子型，成熟肽含有 6~8 个保守的半胱氨酸残基，形成 3~4 个分子内二硫键。根据半胱氨酸的位置和二硫键的连接不同，哺乳动物的防御素可进一步分为 3 个群，即 α-防御素、β-防御素、θ-防御素。目前，在猪体内还未发现 α-防御素与 θ-防御素，但有大量的 β-防御素存在。

迄今为止，在猪体内已发现至少有 13 种 β-防御素(pBD)。与其他哺乳动物一样，猪 β-防御素可能具有相似的结构。猪的 β-防御素具有两个短的外显子，外显子 1 编码 5′端非编码区(5′-UTR)和信号肽序列，外显子 2 编码 PRO 序列、成熟肽和 3′-UTR。不同猪的 β-防御素内含子不同，*pBD-1~pBD-4* 基因的内含子分别为 1.5kb、8.0kb、0.9kb 和 4.9kb。猪的 13 个 pBD 的序列不同，但它们都具有 6 个保守的半胱氨酸序列。pBD 含有 38~42 个氨基酸，富含精氨酸。

pBD-l 是最早发现的猪防御素，从猪背部丝状乳突中分离得到。pBD-1 在结构、氨基酸序列和表达部位上与许多诱导型表达的 β-防御素相似，但是炎症因子不能上调 *pBD-1* 基因的表达，其分泌量并不增加。所以，pBD-l 是组成型表达模式。*pBD-1* mRNA 在舌上皮中大量表达，但在呼吸道和消化道中表达量较低。*pBD-l*

基因全长约 1.9kb。

Veldhuizen 等(2008)曾指出，*pBD-2* 基因在肠道表达。

二、cathelicidin 家族

20 世纪 90 年代，研究人员在进行 *bactenecin 5* cDNA 克隆时发现，cathelicidin 与抗菌肽具有共同的结构特征，即 N 端都含有一个 Cathelin 区域。因此，1995 年，将 bactenecin 5 命名为 cathelicidin。研究证明，编码 cathelicidin 的基因结构呈严紧型排列，有 4 个外显子和 3 个内含子(图 4-1)。前 3 个外显子编码前体区，第 4 个外显子编码酶切位点和抗菌肽区域。前体区含有 123~144 个氨基酸残基，包括一个 29~30 个残基的信号肽和一个长 94~114 个氨基酸残基的 Cathelin 前段，C 端区域含有长 12~97 个氨基酸残基的成熟肽段。前体区具有高度的同源性，猪种内的同源性达 100%。Cathelin 前段的 C 端区域有 4 个固定的半胱氨酸，形成 2 个二硫键。这些基因的 5′端旁侧序列含有几个调控模体，包括参与炎症反应和急性期应答的核因子(nuclear factor，N)，如核因子白细胞介素-6(NF-interleukin-6)、核因子 κB(NF-κB)、白细胞介素-6 应答元素(interleukin-6 response element)、急性期应答因子(acute phase-response factor，APRF)和 γ 干扰素应答元素(γ-interferon response elements，γIRE)的位点。

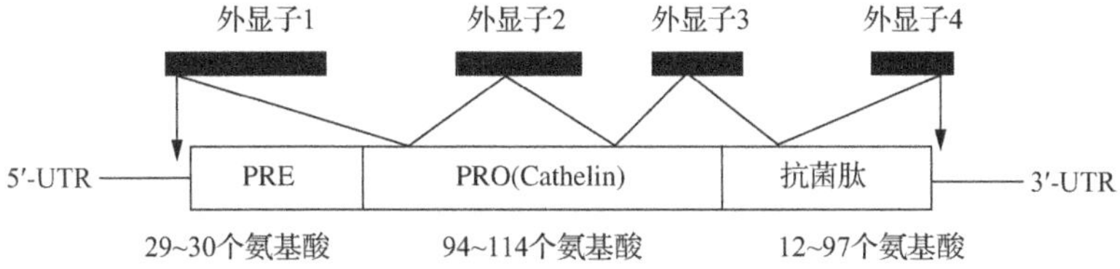

图 4-1　cathelicidin 家族基因结构示意图

猪的 cathelicidin 家族抗菌肽主要包括 PR-39(proline-arginine-rich 39-amino acid peptide)、protegrin-l~protegrin-5、PMAP-23、PMAP-36、PMAP-37。它们都起源于骨髓细胞，以前肽(propeptide)形式储存在周边中性粒细胞(PMN)颗粒中。当 PMN 激活和脱颗粒时，内源性弹性蛋白酶把成熟肽从前肽中切割出来。在一些情况下，这些肽通过 C 端酰胺化进一步修饰。

在结构上，可以把猪的 cathelicidin 家族抗菌肽分为：α 螺旋型(包括 PMAP-36、PMAP-37)、β 折叠型[包括 protegrin(PG1~PG5)]、富含 Pro-Arg 的亚家族(包括 PR-39、Prophenin-1、Prophenin-2)、发卡样结构(主要是 PMAP-23)。

PR-39 最初由 Agerberth 等(1991)从猪的肠道组织中分离出来，是一种富含脯氨酸-精氨酸的 39 个氨基酸残基的线性小肽，只含有 7 种氨基酸，脯氨酸(Pro)占 45%~49%，精氨酸(Arg)占 24%~29%，分子质量为 4719Da。PR-39 的 N 端的 15~26

氨基酸残基片段对其功能活性是必需的，带正电荷的精氨酸残基在与蛋白质的结合中起决定性的作用。LPS、IL-6、视黄酸(RA)、氧化锌和沙门菌感染可以增加 *PR-39* mRNA 表达。

protegrin(PG)是从猪白细胞中提取得到的，一般由 16~18 个氨基酸残基组成，4 个半胱氨酸形成 2 个分子内二硫键，以维持反向平行的 β 折叠结构的稳定性。PG-1 的 C 端酰胺化，二级结构为 β 折叠，具有稳定的结构。二硫键是形成离子通道的必要条件，但决定不了 PG 的抗菌活性，而是由分子内 5~16 位氨基酸起决定作用。与 PR-39 不同，protegrin 的 D-型氨基酸与 L-型氨基酸具有相似的抗菌活性。protegrin 的氨基酸序列如图 4-2 所示。protegrin 的表达在骨髓细胞分化过程中进行。编码的 protegrin 在信号肽的引导下进入细胞，然后信号肽被切除，剩下的部分被称为 Proform 或者 Propeptide，无活性的 Propeptide 贮存在中性粒细胞中，并随血流到达身体的各个部位，当动物受到病原微生物刺激或者急性感染时，protegrin 在弹性蛋白酶的作用下，有活性的 PG 就分泌出细胞并发挥免疫作用。PG-1 仅在猪体内表达。猪繁殖与呼吸综合征病毒(PRRSV)感染后可以抑制猪肺中 *PG-1* 基因的表达(刘春玲等，2013)。

protegrin-1	RGG	R	LCYCR	RRF	C	V	CV	GR*
protegrin-2	RGG	R	LCYCR	RRF	C	I	CV	
protegrin-3	RGG	G	LCYCR	RRF	C	V	CV	GR*
protegrin-4	RGG	R	LCYCR	GWI	C	F	CV	GR*
protegrin-5	RGG	R	LCYCR	PRF	C	V	CV	GR*

图 4-2　protegrin 氨基酸序列

PMAP-23、PMAP-36、PMAP-37 属于猪骨髓源性抗菌肽，分别含 23 个、36 个、37 个氨基酸残基，其中 PMAP-36、PMAP-37 具有两亲性 α 螺旋，而 PMAP-23 呈发卡样结构。在这三个抗菌肽中，PMAP-36 所带的正电荷最强，疏水性与 PMAP-23 相似，PMAP-37 的疏水性最强，但所带的正电荷却最低。PMAP-37 是一种膜活性因子，在 0.2~1.0μmol/L 时可引起细菌细胞内膜的渗透作用，但在 10~15μmol/L 时对人红细胞有裂解作用。*PMAP-37* 基因在杜长大三元猪体内从出生到 20kg 时和 40~60kg 时表达呈上升趋势，但在 20~40kg 时和 60~90kg 时表达呈下降趋势(王燕等，2007)。PMAP-23 和 PMAP-36 的杀菌活性分别为 1~10μmol/L 和 10~50μmol/L，在 100μmol/L 时也不裂解红细胞。PMAP-23 含有 5 个 Arg 和 2 个 Lys。

三、其他抗菌肽家族

NK-lysin 是从猪小肠纯化得到的，含有 78 个氨基酸残基，由 T 淋巴细胞和

NK 细胞产生，是细胞毒性 T 细胞和 NK 细胞的一种效应分子。猪源 NK-lysin 有 6 个半胱氨酸，形成 3 个分子内二硫键(Cys1-Cys6、Cys2-Cys5、Cys3-Cys4)。

天蚕素 P1 是 Lee 等(1989)从猪小肠中分离的抗菌肽，具有昆虫天蚕素的典型保守结构，但仍有一些差异。猪源天蚕素 P1 含有 31 个氨基酸残基，分子质量为 3339Da，不含半胱氨酸残基(Cys)，不能形成分子内二硫键；有强碱性的 N 端和强疏水性的 C 端，酰胺化的 C 端对其广谱抗菌作用极为重要；其氨基酸序列与昆虫天蚕素 A 有 64%相似性，与天蚕素 B 有 75%的相似性；对其二级结构的理论预测及圆二色谱(CD)和二维核磁共振的数据分析表明，其分子内含有两亲性 α 螺旋，中间是形成柔性弯曲的谷氨酸-甘氨酸(Glu-Gly)卷曲序列，其螺旋-卷曲-螺旋结构对保持高抗菌活性具有特殊的重要性。

Prophenin(PF)是从猪白细胞中分离得到的抗菌肽，有 79 个氨基酸，富含脯氨酸和苯丙氨酸，其中脯氨酸占 57.1%左右，苯丙氨酸占 19.0%左右。PF 的一级结构中有 6 个富含脯氨酸的十聚体(FPPPNFPGPR)串联重复。目前，Prophenin 有两种：Prophenin-1(PF-1)和 Prophenin-2(PF-2)，差异体现在第 17 个氨基酸残基，PF-1 为苯丙氨酸，PF-2 为缬氨酸。PF-1 的分子质量为 8683Da，含有 79 个氨基酸残基，其中含有 42 个脯氨酸残基和 15 个苯丙氨酸残基。*PF-2* 基因 5′-侧翼区的 −32~−28 区域存在 TATA 盒(ATAAA)及其他的潜在调控位点(如 NF-κB、NF-IL-6、IL-6RE 等)。

除了以上抗菌肽，在猪体内还发现了分离自肠道的抗菌肽 GIP(7~42)和 AP3910、分离自肝的 LEAP-2、乳汁中的乳铁蛋白等。

第二节　猪源抗菌肽的抗菌活性

PR-39 是研究最多的猪源 cathelicidin 家族抗菌肽之一，具有广谱抗菌作用，其抗菌作用主要是针对革兰阴性菌如大肠杆菌、鼠伤寒沙门菌、乙酸钙不动杆菌、绿脓杆菌等，对革兰阳性菌如巨大芽胞杆菌、化脓链球菌也有抑杀活性。如果将 PR-39 中的 L-型氨基酸肽链换为 D-型氨基酸肽链，则其抗菌活性将改变或减弱。虽然化学合成的 PR-39 只对革兰阴性菌具有活性，最小抑菌浓度为 1~4μmol/L，但是 PR-39 对临床分离的药物敏感性和多药物耐受性结核分歧杆菌都具有杀菌活性。当猪感染猪霍乱沙门菌时，血清中 PR-39 含量会升高(Zhang *et al.*，1997)。与其他大多数抗菌肽的抗菌机制不同，PR-39 不是通过破坏细菌的细胞膜杀死细菌的，而是特异性地结合细菌的热休克蛋白 DnaK，抑制其 ATP 酶活性和蛋白质折叠功能，达到杀菌的作用。PR-39 对对数生长期细菌的杀伤活性迅速且明显。另外，PR-39 还发挥其他重要的生物学功能，如对中性粒细胞有趋化作用，可引起中性粒细胞在感染部位聚集，促进对病原体的吞噬；诱导参与病理修复的细胞表面多配体聚糖 1 和 4 的表达；能抑制人肝癌细胞的入侵及其迁移；间接地减轻组织病理损伤。

天蚕素 P1 对革兰阴性菌和部分革兰阳性菌都有抗菌活性。两亲性 α 螺旋结构可以使天蚕素 P1 通过膜内分子间的位移而相互聚集在一起从而在细菌细胞膜上形成巨大的时间性和电势依赖性的离子通道，使得细胞内外渗透压改变，细胞质特别是 K^+大量溢出细胞外，最终导致细菌死亡。

protegrin (PG) 是 cathelicidin 家族中一群具有杀灭微生物活性，对革兰阳性菌、革兰阴性菌、真菌及病毒(如 HIV)均具有拮抗活性，其抗微生物活性不受细胞外阳离子或血清成分的抑制。PG-1~PG-5 对革兰阳性菌、革兰阴性菌、真菌及囊膜病毒都有杀灭作用。与 PR-39 不同，PG 中的 D-型氨基酸与 L-型氨基酸具有相似的抗菌活性。PG-1 在脂质双层中有 S 状态向 I 状态转变的过程。在 S 状态时，PG-1 以剂量依赖方式降低双层膜的厚度而跨越双层膜，随后转变为 I 状态。淋病奈瑟菌对 PG 极为敏感，但对人防御素不敏感。PG 使淋病奈瑟菌变为空泡、改变细胞膜形态。当 C 端被截断，PG-1 对淋病奈瑟菌的抗菌活性没有多大变化。如缺少 17、18 位氨基酸，对 F62 菌株的抗菌活性极显著升高，对 FA19 菌株的抗菌活性没有损失。PG-1 在细胞膜上形成低聚化结构 PG-1 二聚体而产生细孔性通道。平行和反向平行的 β 片层通过分子间氢键维持 PG-1 二聚体。另外，低浓度的 PG 分子还可以灭活人 HIV 等病毒。

PMAP-23 对革兰阳性菌、革兰阴性菌、酵母、霉菌和线虫等均有抑制杀灭作用。首先是带正电荷的 N 端与细菌细胞膜磷脂分子上负电荷之间的静电吸引而结合聚集在细胞膜上，随后其 PXXP 功能域(motif)弯曲或是转动而使 C 端螺旋结构插入细胞膜，细菌因不能保持正常渗透压而致死(Yang *et al.*，2006)。另外，PMAP-37 还具有溶血活性。

pBD 具有广谱的抗菌活性，还具有抗某些病毒的活性。pBD-1 能够有效抑制革兰阴性菌、革兰阳性菌和真菌，抗菌浓度在 40mg/L。重组的 pBD-1 具有很强的抗菌活性，可抑制革兰阳性菌、革兰阴性菌及真菌，但是，其对微生物的杀灭是有 pH、盐和血清等条件依赖性的。Veldhuizen 等(2008)曾指出，pBD-2 对肠道致病菌表现出广谱的抗菌活性，认为其可能是保护肠道健康的重要防御分子。Edwin 等(2008)研究发现 4~8μmol/L 的 pBD-2 在 3h 内即可有效地抑制肠道致病菌的生长。

Chen 等(2006)发现了猪乳铁蛋白肽 lactoferricin (Lfcin) N 端与其他物种乳铁蛋白肽高度同源的氨基酸序列，将其命名为 Lfcin P。化学合成的 Lfcin P-20 对大肠杆菌、金黄色葡萄球菌和白色念珠菌都具有抑菌活性，对三种受试菌的最小抑菌浓度(MIC)为 32~64μg/ml。

NK-lysin 能通过中和 LPS 上的类脂-A 来发挥杀菌作用，对革兰阴性菌如大肠杆菌、巨大芽胞杆菌、乙酸钙不动杆菌等何某些真菌具有高抑杀活性。猪源NK-lysin还能裂解一些肿瘤细胞，如鼠肿瘤细胞YAC-1，但不裂解红细胞。

抗菌肽AP3910对巨大芽胞杆菌具有良好的抗菌活性。

在低离子强度下(如10mmol/L PBS)，Prophenin-1可有效抑制革兰阴性菌如大肠杆菌，但对革兰阳性菌没有抑制作用，而在生理浓度的NaCl浓度下无抗菌活性。

第三节　猪源抗菌肽的制备

一、猪源抗菌肽基因工程表达

目前，通过基因工程方法制备猪源抗菌肽在国内已取得一些研究成果。罗刚和魏泓(2003)已建立了猪PMAP-37的基因和防御素PD表达载体、实现了*PBD-1*基因在大肠杆菌中重组和融合表达。姜丽华等(2006)根据已发表的猪β-防御素(pBD-1)氨基酸序列和酵母偏好密码子，用PCR方法获得*pBD-1*基因，克隆到分泌型表达载体pPIC9K信号序列因子之后，构建重组表达质粒pPIC9K-*pBD-1*，用*Sal* I将其线性化后转化到毕赤酵母SMD1168，用PCR法筛选Mut表型，在AOX1启动子调控下，分子质量约4.5kU的pBD-1得到表达，首次在毕赤酵母表达系统中实现了pBD-1的分泌表达。

二、猪源抗菌肽的人工提取

许多猪源抗菌肽都是通过化学试剂方法提取的。首先对组织细胞进行破碎，然后通过乙酸等试剂浸提，再高速离心，上清液即为粗制品。通过凝胶过滤层析进行抗菌肽的初步纯化，而后再通过反相高效液相色谱等方法进一步纯化抗菌肽，可得到高纯度的抗菌肽制品。

第四节　猪源抗菌肽的应用

抗菌肽在畜牧生产上的应用越来越广泛，效果也十分显著。抗菌肽的适量添加具有良好的抗菌效果，改善肠道形态，促进营养物质的消化吸收，调节肠道微生物菌群，进而有利于提高畜禽的生产性能和畜禽产品品质。本节主要简单介绍猪源抗菌肽在动物养殖中的初步应用。

一、猪源抗菌肽提高抗病能力

猪源抗菌肽可以提高猪的免疫调节机能，增强猪群整体健康水平和抗病能力，还能有效提升疫苗免疫的整齐度和水平；降低死胎、木乃伊胎等繁殖障碍性疾病；改善母猪奶水品质，有效将母乳中 IgG 水平提高 20%以上；提升了仔猪的健康水平和抗病力，产房腹泻率明显下降；从源头上预防仔猪断奶呼吸综合征、多系统衰竭综合征等疑难病症，大大提高健仔率、均匀度及断奶成活率。卢俊鑫等(2014)在断奶仔猪日粮中添加猪源抗菌肽 PR-39，结果显著降低了仔猪的腹泻率。猪源性抗菌肽 PR39 能够抑制肠道有害菌繁殖，促进有益菌增殖，进而降低仔猪腹泻率。

二、猪源抗菌肽提高动物生长性能

将适量抗菌肽添加于猪的饲料中，有利于提高猪的生产性能和肉品质；显著改善母猪生产性能，提高发情配种率、缩短空怀期，降低后备母猪淘汰率，提高母猪利用率。

抗菌肽可以增强小肠对营养物质的消化吸收功能，从而促进鸡的生长发育。马卫明等(2006)在 7 日龄、14 日龄、21 日龄、28 日龄、35 日龄和 42 日龄时给每只雏鸡分别肌肉注射猪小肠抗菌肽 0.1ml(100μg/ml)，结果极显著提高了平均日增重和降低了料重比($P<0.01$)，对平均日耗料量影响不显著；在 49 日龄时，显著提高了十二指肠和空肠黏膜长度及其绒毛高度与隐窝深度比值(V/C)($P<0.05$)，这可能是猪小肠抗菌肽促进雏鸡生长发育的结构基础。

三、猪源抗菌肽改善动物肠道微生态平衡

汪以真等(2004)在饲粮中添加表达重组猪乳铁蛋白基因(*rPLF*)的蚕蛹后，显著减少了肠道中大肠杆菌和沙门菌的生长($P<0.05$)，增加了乳酸菌的数量($P<0.05$)；极显著增加了双歧杆菌数量($P<0.01$)。由此可见，抗菌肽能促进有益菌的生长，从而有利于调节体内微生态，进而促进动物生长。卢俊鑫等(2014)在断奶仔猪日粮中添加猪源抗菌肽 PR39，结果显著降低了盲肠、直肠、结肠中大肠杆菌数($P<0.05$)，稍微提高了双歧杆菌数量。

四、猪源抗菌肽改善免疫性能

猪源抗菌肽能提高鸡肠道黏膜免疫参数。姚俊等(2009)给 SPF 鸡腿部肌肉注射猪小肠抗菌肽，结果十二指肠、空肠和回肠内的上皮内淋巴细胞数量从第 21 日龄起比对照组明显增多($P<0.05$)；自 21 日龄起，在抗菌肽处理组可以明显见到的肥大细胞，而在对照组少见($P<0.05$)；抗菌肽的处理能显著增加各段肠道内杯状细胞的数量($P<0.05$)；使用抗菌肽处理后，能提高各段肠道的 sIgA 的表达。

参 考 文 献

高炳淼, 李宝珠, 于津鹏, 等. 2011. 外源基因在昆虫杆状病毒表达系统中的表达. 中国生物工程杂志, 31(11): 123-129.

姜丽华, 卢海蓉, 黄德新, 等. 2006. 猪β防御素1基因在毕赤酵母中的分泌表达. 生物工程学报, 22(6): 1036-1039.

李牧, 单安山, 李仲玉. 2006. 猪源抗菌肽及其应用前景. 饲料工业, 27(21): 11-14.

刘春玲, 焦慧娟, 许美娟, 等. 2013. 猪繁殖与呼吸综合征病毒感染抑制肺脏抗菌肽PG-1基因表达. 中国兽医杂志, 49(10): 28-31.

卢俊鑫, 杨金波, 邝哲师, 等. 2014. 猪源性PR39抗菌肽对断奶仔猪生产性能、血清免疫指标和肠道菌群的影响. 动物营养学报, 26(6): 1587-1592.

罗刚, 魏泓. 2003. 猪防御素PD基因表达载体的构建. 四川动物, 22(1): 11-14.

马卫明, 佘锐萍, 胡艳欣, 等. 2006. 猪小肠抗菌肽对雏鸡的促生长作用及其机理初探. 中国农业科学, 39(8): 1723-1728.

汪以真, 韩菲菲. 2010. 猪源抗菌肽抗菌、免疫、表达特性及其营养调控的研究进展. 饲料营养研究进展.

汪以真. 2004. 猪乳铁蛋白基因克隆、表达及其产物对断奶仔猪生长、免疫和抗菌肽基因表达影响的研究. 杭州: 浙江大学博士学位论文.

王燕, 汪以真. 2007. 猪骨髓抗菌肽PMAP-37基因片段的克隆及不同体重的表达差异. 农业生物技术学报, 15 (4): 589-594.

姚俊, 王德成, 佘锐萍, 等. 2009. 猪小肠抗菌肽对SPF鸡肠道黏膜免疫功能的影响. 科学技术与工程, 9(17): 4918-4923.

Agerberth B, Lee J Y, Bergman T, *et al*. 1991. Amino acid sequence of PR-39: Isolation from pig intestine of a new member of the family of proline-arginine-rich antibacterial peptides. Euripean Journal of Biochemistry, 202(3): 849-854.

Chen H L, Yen C C, Lu C Y, *et al*. 2006. Synthetic porcine lactoferricin with a 20-residue peptide exhibits antimicrobial activity against *Escherichia coli*, *Staphylococcus altreus*, and *Candida albicans*. Journal of agricultural and food chemistry, 54: 3277-3282.

Edwin J A V, Mariella R, Erwin A C, *et al*. 2008. Porcine β-defensin 2 displays broad antimicrobial activity against pathogenic intestinal bacteria. Molecular Immunology, 45: 386-394.

Gennaro R, Zanetti M, Benincase M, *et al*. 2002. Pro-rich antimicrobial peptides from animals: structure, biological functions and mechanism of action. Curt Pharm Des, 8(9): 763-778.

Gudmtmdsson G H, Magnusson K P, Chowdhary B P, *et al*. 1995. Structure of the gene for porcine peptide antibiotic PR-39, a cathelin gene family member: comparative mapping of the locus for the human peptide antibiotic FALL-39. Proc Natl Acad Sci USA, 92(15): 7085-7089.

Harwig S S, Waring A, Yang H J, *et al*. 1996. Intramolecular disulfide bonds enhance the antimicrobial and lytic activities of protegrins at physiological sodium chloride concentrations. Eur J Biochem, 240(2): 352-357.

Huang H W. 2006. Molecular mechanism of antimicrobial peptides: the origin of cooperavity. Biochimica et Biophysica Acta (BBA)-Biomembranes, 1758(9): 1292-1302.

Lee J Y, Boman A, Chuanxin S. 1989. Antibacterial peptides from pig intestine: isolation of a mammalian cecropin. Proc Natl Acad Sci USA, 86: 9159- 9162.

Patil A A, Cai Y, Sang G, *et al*. 2005. Cross-species analysis of the mammalian β-defensin gene family: presence of syntenic gene clusters and preferential expression in the male reproductive tract. Physiol Genomics, 23(1): 5-17.

Sang Y, Patil A A, Zhang G, *et al*. 2006. Bioinformatic and expression analysis of nove porcine beta-defensins. Mamm Genome, 17(4): 332-339.

Skerlavaj B, Gennaro R, Bagella L, *et al*. 1996. Biological characterization of two novel cathelicidin derived peptides and identification of structural requirements for their antimicrobial and cell lytic activities. J Biol Chem, 271(45): 28375-28381.

Tamamura H, Murakami T, Hofiuchi S, *et al*. 1995. Synthesis of protegrin-related peptides and their antibacterial and anti-human immunodeficiency virus activity. Chem Pharm Bull(Tokyo), 43(5): 853-858.

Tossi A, Scocchi M, Zanetti M, *et al.* 1995. PMAP-37, a novel antibacterial peptide from pig myeloid cells: cDNA cloning, chemical synthesis and activity. Eur J Bio Chem, 228 (3) : 941-946.

Veldhuizen E J, Rijnders M, Claassen E A, *et al.* 2008. Porcine beta-defensin 2 displays broad antimicrobial activity against pathogenic intestinal bacteria. Mol Immunol, 45 (2) : 386-394.

Yang S T, Jeon J H, Kim Y, *et al.* 2006. Possible role of a PXXP central hinge in the antibacterial activity and membrane interaction of PMAP-23, a member of cathelicidin family. Biochemistry, 45 (6) : 1775-1784.

Yu K, Park K, Kim Y, *et al.* 2002. Solution structure of a cathelieidin-derived antimicmbial peptide CRAMP as determined by NMR spectroscopy. J Peptidc Res, 60 (1) : 1-9.

Zhang G, Ross C R, Drit z S S, *et al.* 1997. Salmonella infection increases porcine antibacterial peptide concentrations in serum. Clin Diagn Lab Immunol, 4: 774-777.

第五章　牛源抗菌肽

牛源抗菌肽普遍表现出理化性质稳定、对多种病原菌有抑杀作用。本章仅就牛源抗菌肽的相关研究进展进行阐述。

第一节　牛源抗菌肽的类型

Diamond 等（1991）从牛气管黏膜中分离到第一个牛源抗菌肽。至今，已发现至少 38 种牛源抗菌肽，包括阳离子性的防御素（defensin）和 cathelicidin，阴离子抗菌肽及牛乳铁素。

一、牛源防御素

目前，在牛体内发现的防御素主要包括气管抗菌肽（tracheal antimicrobial peptide，TAP）、舌抗菌肽（lingual antimicrobial peptide，LAP）、牛中性粒细胞 β-防御素（bovine neutrophil β-defensin，BNBD）、小肠 β-防御素（enteric β-defensin，EBD）等。

1. 牛 β-防御素的基因结构

大多数已知的牛 β-防御素基因位于牛 27 号染色体的同一段序列上，均由 2 个外显子和 1 个内含子构成。*TAP* 基因的 2 个外显子被 1 个 1.5kb 的内含子所分割，第 1 个外显子编码信号肽，第 2 个外显子编码前序列和成熟肽。*TAP* 基因 5′端距离转录起始位点 181 个碱基的部位有一个 NF-κB 的识别位点。LAP、BNBD、EBD 的基因长度与 TAP 相似，内含子都为 1.5kb 左右。而牛 β-防御素 1（bovine β-defensin 1，bBD-1）的内含子则大得多，约 8.5kb。牛 β-防御素由约 40 个氨基酸残基组成，其中 6 个半胱氨酸分别以 1-5、2-4、3-6 相连，形成 3 对分子内二硫键（图 5-1）。

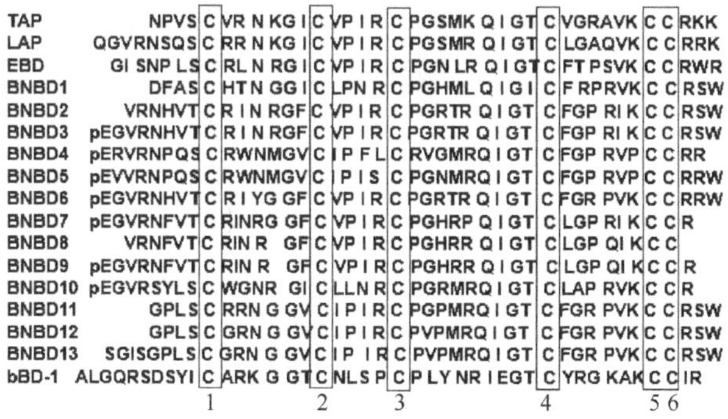

图 5-1　牛 β-防御素的一级结构

2. 牛β-防御素的组织分布及活性

牛β-防御素主要分布在与外界环境接触较多的上皮组织和血液细胞中(表5-1)。

表5-1　牛β-防御素的组织分布及其活性

名称	组织分布	可诱导性	调节因子
TAP	气管、肺泡巨噬细胞	诱导型	NF-κB、TNF、IL-6
LAP	消化道、呼吸道乳腺上皮、结膜	诱导型	NF-κB、TNF、IL-6
EBD	小肠	诱导型	TNF、IL-6
BNBD-4	中性粒细胞、气管、肺泡巨噬细胞、结肠、远端小肠、肺、脾	组成型	
BNBD-5	中性粒细胞、气管、肺泡巨噬细胞	组成型	
BNBD-12，BNBD-13	中性粒细胞、气管、结肠远端小肠	组成型	
BNBD-1~BNBD-3，BNBD-6~BNBD-11	中性粒细胞	组成型	
bBD-1	乳头黏膜、肾、阴道、卵巢、输卵管、结肠	组成型	
DEFB401	乳腺	诱导型	

TAP是从牛的气管上皮分离得到的。TAP前原肽(prepro-peptide)有64个氨基酸，包含20个氨基酸的信号肽和1个短的前序列(FTQGVG)。TAP可被多种病原体和促炎因子(TNF-α、IL-1b和LTA)诱导。脂多糖可增加TAP的表达量。TAP对金黄色葡萄球菌(*Staphylococcus aureus*)、大肠杆菌(*E. coli*)、铜绿假单胞菌(*Pseudomonas aeruginosa*)、肺炎克雷伯菌(*Klebsiella pneumoniae*)和白色念珠菌(*Candida albicans*)的最小抑菌浓度(MIC)分别为25μg/ml、12μg/ml、25μg/ml、12μg/ml和6μg/ml。TAP是由38个氨基酸残基组成的阳离子多肽，含有6个半胱氨酸残基及由此形成的3个二硫键。*TAP*基因是由LPS通过上皮细胞表达的CD14分子介导的信号转导途径来诱导表达的。

LAP是从牛舌上皮中分离得到的，含42个氨基酸残基。LAP前原肽由64个氨基酸残基组成，包含20个氨基酸残基的信号肽和2个氨基酸残基的前序列(Phe-Thr)。LAP在消化道、呼吸道、乳腺上皮和结膜等处也有表达。在溶血性巴氏杆菌(*Pasteurella hemolytica*)引起的急性感染和副结核慢性感染中均可观察到LAP表达。患乳腺炎时，LAP的表达量增加，表明LAP有抗乳腺炎的作用。LAP对金黄色葡萄球菌、大肠杆菌、铜绿假单胞菌和白色念珠菌的最小抑菌浓度(MIC)分别为63μg/ml、16μg/ml、63μg/ml和3μg/ml。

Selsted等(1993)从牛中性粒细胞中分离到13种BNBD。BNBD有38~42个氨基酸残基，分子质量为5kU左右，高度阳离子性。有些BNBD还表达于气管、肺、肾、小肠中(表5-1)。大多数BNBD对大肠杆菌ML-35和金黄色葡萄球菌502A的MIC约为10μg/ml。

EBD 在牛的小肠末端和结肠中高水平表达。在肠内隐孢子虫(Cryptozoite)的诱导下，肠道中 *EBD* mRNA 的表达量升高 5~10 倍，表明 EBD 在抗寄生虫感染中发挥了重要作用。

Roosen 等(2004)用 PCR 技术，以牛 β-防御素基因的保守序列为引物，从牛细菌人工染色体文库中筛选出 6 个新的防御素基因：*DEFB401*、*DEFB402*、*DEFB403*、*DEFB404*、*DEFB405* 和 *LAP-like*。其中，*DEFB401* 表达于放线菌感染的组织，为诱导型表达。LAP-like 与 LAP 的前原肽仅有 1 个氨基酸差异，即 LAP-like 将 LAP 前原肽第 18 位的甘氨酸换成了丙氨酸。

Aono 等(2006)利用表达序列标签(expressed sequence tag，EST)比对分析，在牛体内发现了一种分子结构和生物活性与人 β-防御素 1 相似的牛 β-防御素 bBD-1。它在乳头黏膜、肾、阴道、卵巢、输卵管、结肠均有表达。合成的 bBD-1 对盐敏感，在低盐浓度时对引起乳腺炎的大肠杆菌临床分离株有抑制作用，但对葡萄球菌临床分离株的抑制作用较弱。

最新的牛基因组序列已于 2009 年公布。利用已知的牛或其他相近物种的 β-防御素基因序列建模，将其与牛基因组序列比对分析，有望发现更多的牛防御素基因。Cormican 等(2008)利用牛基因组序列搜索含有 β-防御素特征性的 6 个半胱氨酸基序的基因，发现了 57 个可读框(open reading frame，ORF)，这些新基因将进一步丰富牛 β-防御素家族。

二、牛源 cathelicidin

cathelicidin 是一类存在于多种哺乳动物中、在 C 端结构上存在很大差异的抗菌肽。因其分子结构中都含有与 cathelin(一种从猪白细胞中分离出的组织蛋白酶 L 抑制剂)相似的结构而得名。

1. *cathelicidin* 基因结构及其编码肽

cathelicidin 基因包括 4 个外显子和 3 个内含子，前 3 个外显子用于编码前导序列，第 4 个外显子编码抗菌域序列。cathelicidin 通过基因编码的前原肽生成。前原肽包括前导序列和抗菌域序列。当前导序列脱离后，成熟的 cathelicidin 便可分泌出来。前导序列的同源性高，其又可以分为信号肽序列和类 cathelin 序列。抗菌域序列与其抗菌活性相关，也是 cathelicidin 命名的依据。

2. cathelicidin 种类及其生物学活性

目前，至少已发现有 8 种牛源的 cathelicidin。按其 C 端结构可分为 α 螺旋结构、伸展螺旋结构和环状结构(表 5-2)。

表 5-2　牛源 cathelicidin 及其氨基酸序列

名称	氨基酸序列（数目）
α 螺旋结构类型	
BMAP-27	GRFKRFRKKF KKLFKKLSPV IPLLHLG (27)
BMAP-28	GGLRSLGRKI LRAWKKYGPI IVPIIRIG (28)
BMAP-34	GLFRRLRDSI RRGQQKILEK ARRIGERIKD IFRG (34)
伸展螺旋结构类型	
Bac4	RRLHPQHQRF PRERPWPKPL SLPLPRPGPR PWPKPL (36)
Bac5	RFRPPIRRPP IRPPFYPPFR PPIRPPIFPP IRPPFRPPLG PFP (43)
Bac7	RRIRPRPPRL PRPRPRPLPF PRPGPRPIPR PLPFPRPGPR PIPRPLPFPR PGPRPIPRPL (60)
Indolicidin*	ILPWKWPWWP WRR (13)
环状结构类型	
Dodecapeptide	RLCRIVVIRV CR (12)

* C 端的氨基酸残基酰胺化

α 螺旋 cathelicidin 的抗菌谱较广。对临床耐药株的抑菌试验表明，BMAP-27、BMAP-28 抗菌效果很强，抗真菌 MIC 值与抗细菌的相同或略高。然而，BMAP-27、BMAP-28 对哺乳动物细胞有毒性。BMAP-27 的 N 端和 C 端分别有苯丙氨酸和亮氨酸拉链，以苯丙氨酸替换这两段序列后，其抗菌活性不变，但对哺乳动物的细胞毒性降低。BMAP-34 抗革兰阳性菌和阴性菌，但对真核细胞没有作用。

伸展螺旋 cathelicidin 为线性肽，富含脯氨酸和精氨酸，包括 Bac5、Bac7、indolicidin 和 Bac4，前 3 种是从牛中性粒细胞中分离得到的，Bac4 并未从牛体内分离出，而是根据其基因序列推导出的氨基酸序列。Bac5 和 Bac7 在体外有很强的广谱抗菌活性，在浓度为 0.5~20μmol/L 时能杀死大肠杆菌、鼠伤寒沙门菌、肺炎克雷伯菌、肠球菌、表皮葡萄球菌和巨大芽胞杆菌。而合成的 Bac4 仅在低盐条件下才有抑菌活性。indolicidin 抗菌谱广，其杀菌浓度为 0.1~1μmol/L。另外，indolicidin 还抗多种细菌的临床分离株（如铜绿假单胞菌、念珠菌）及寄生虫。indolicidin 还表现出直接的剂量依赖性和时间依赖性的杀病毒活性，可以抗人类免疫缺陷病毒（HIV-1）、单纯疱疹病毒（herpes simplex virus），抗病毒所需浓度比抗细菌和抗真菌的高。indolicidin 对人和鼠的 T 淋巴细胞有毒性，能溶解红细胞，静脉注射毒性较大，LD_{50} 为 0.9mg/kg。将 indolicidin 的脯氨酸替换为赖氨酸产生一系列类似物，其与 indolicidin 亲本的抑菌活性、抗炎活性、中和 LPS 的能力相当，但对机体没有细胞毒性，有望成为新型抗菌药物。

从牛中性粒细胞中分离得到的 dodecapeptide 是一种天然阳离子抗菌肽，含有 12 个氨基酸残基，对大肠杆菌和金黄色葡萄球菌呈强杀菌活性，对胎鼠的神经元、星形细胞及人的胶质母细胞瘤有极强的细胞毒性。

三、阴离子抗菌肽

牛的阴离子抗菌肽存在于牛支气管及细支气管的上皮细胞中。新生牛支气管肺泡洗液中阴离子抗菌肽的浓度是成年牛的 3 倍，但对溶血性曼氏杆菌(*Mannheimia haemolytica*)的杀菌活性明显弱于成年牛的。阴离子抗菌肽的作用机制尚不清楚，但发现锌能使其活性增加。因此，推测阳离子盐桥能克服微生物表面的负电荷。

四、乳铁素

与其他由基因表达的抗菌肽不同，牛乳铁素(bovine lactoferricin，LfcinB)是乳铁蛋白(lactoferrin，LF)于消化道正常生理条件时，在胃蛋白酶的作用下释放出的一种肽，含 25 个氨基酸残基，对应于 LF 氨基端的第 17~41 位氨基酸，牛乳铁素的氨基酸序列为：FKCRRWQWRM KKLGAPSITC VRRAF。LfcinB 的抑菌效果是 LF 的 400 倍，在胃肠道作用更强，耐热，在消化道中不易降解，无抗原性。LfcinB 可抗多种革兰阳性菌和革兰阴性菌，对耐抗生素的菌株也有抑制作用，还能抗病毒和真菌，但不作用于双歧杆菌(*Bacillus bifidus*)等益生菌，能刺激细胞生长，参与免疫调节。

五、牛血红蛋白源抗菌肽

血红蛋白除了携氧功能外，也是一种内源性生物活性多肽。人的 α-血红蛋白和 β-血红蛋白都具有抗菌活性(Parish *et al.*，2001)。人血红蛋白降解后的小片段分子可有效抑制革兰阳性菌、革兰阴性菌和酵母菌等的生长(Liepke *et al.*，2003)。Hu 等(2010)从牛血液中分离到一株血红蛋白衍生的抗菌肽，对大肠杆菌、金黄色葡萄球菌和白色念珠菌有较好的抑杀活性。

第二节　牛源抗菌肽的基因工程简介

从牛体内分离抗菌肽天然产物对于拓展人们对抗菌肽的认知与构建规模化的肽库至关重要。但是，从抗菌肽高效表达的角度，更趋向于用基因工程技术实现对抗菌肽的表达、改造和大规模生产。多个牛源抗菌肽基因已被克隆和表达，其中牛的 LAP、indolicidin、LfcinB 等由于抗菌谱广、活性高而成为克隆表达的热门基因。

一、原核系统表达牛源抗菌肽

Bera 等(2007)利用大肠杆菌 BL-21 表达出融合有组氨酸标签(His Tag)的水牛 BNBD4，并用镍柱纯化获得了表达产物。

较大分子质量的串联多肽在检测、纯化及结构稳定性方面都优于单体肽。Tian 等(2007)设计了串联多肽表达策略，将 LfcinB(15 个氨基酸)的衍生肽 LfcinB15-W4-10 的基因连接成多个串联拷贝，插入表达载体 pET-32a，LfcinB15-W4-10 低聚物在大肠杆菌 BL-21 中高水平表达，结果从 1L 培养物中纯化出 10mg、纯度大于 99%的四聚体，该四聚体与 LfcinB15-W4-10 单体的抑菌活性相同。

二、真核系统表达牛源抗菌肽

易俊波等(2007)根据毕赤酵母的偏爱密码子人工合成牛乳铁素基因片段，将其克隆到毕赤酵母分泌型表达载体 pPIC9K 中，再转化入毕赤酵母细胞 SMDl168 内，获得的分泌型表达产物对金黄色葡萄球菌有较强的抑杀作用。

Nakamura 等(2001)用杆状病毒-昆虫细胞体系表达了包含有牛乳铁素的牛乳铁蛋白 N 端部分(N-lobe of bovine lactoferrin，LfN)，从 1ml 细胞培养液中可获得 10μg LfN，该产物对大肠杆菌 O111 有抗菌活性。

三、生物反应器表达牛源抗菌肽

早期获得抗菌肽目的基因的方法多以来源于组织细胞的 DNA 或 RNA 为模板进行 PCR 扩增，此方法受取材限制，且操作步骤较烦琐。随着对基因工程要求的提高，快速合成 DNA 片段、定向修改、设计生物基因的方法显得十分重要。王铁东等(2009)根据已经发表的牛 *TAP* cDNA 序列设计了 4 条短的寡核苷酸片段，以重叠延伸 PCR 的方法合成 *TAP* 基因，通过转基因技术，使 *TAP* 基因在山羊乳腺组织内表达，结果显示其乳样对金黄色葡萄球菌和大肠杆菌有明显的抑制作用。

第三节　牛源抗菌肽转基因生物简介

将广谱抗菌的抗菌肽与转基因技术结合培育抗病动植物是我国转基因重大专项研究的重要组成部分，而在转入基因的选择上，TAP、indolicidin 及其衍生物应用得较多。

外源蛋白在哺乳动物乳腺中能够正确修饰和折叠。因此，利用动物乳腺作为生物反应器生产生物药用蛋白在制药工业上具有良好的前景。Yarus 等(1996)将含乳清蛋白基因调控区和牛 *TAP* cDNA 连接培育转基因小鼠，在乳汁中成功表达和分离到了具有抗菌活性的重组 TAP。乳汁中 TAP 的浓度为 5μg/ml，可有效抑制大肠杆菌、肺炎克雷伯菌和白色念珠菌。

参考文献

王铁东, 逄大欣, 欧阳红生. 2009. 牛气管抗菌肽在山羊乳腺组织中的表达. 中国农学通报, 25(8): 7-11.

易俊波, 黄德新, 李凌云, 等. 2007. 抗菌肽牛乳铁多肽素(LfcinB)在毕赤酵母中的表达及活性鉴定. 微生物学通报, 34(2): 265-269.

AhmaD A, Asthana N, Azmi S, *et al*. 2009. Structure-function study of cathelicidin-derived bovine antimicrobial peptide BMAP-28: Design of its cell-selective analogs by amino acid substitutions in the heptad repeat sequences. Biochim Biophys Acta, 1788(11): 2411-2420.

Aono S, Li C, Zhang G, *et al*. 2006. Molecular and functional characterization of bovine beta-defensin-1. Vet Immunol Immunop, 113(1-2): 181-190.

Bera B C, Chaudhury P, Bhattacharya D, *et al*. 2007. Cloning, sequencing and expression of cDNA of bovine neutrophil beta-defensin from water buffalo (*Bubalus bubalis*). Int J Immunogenet, 34(3): 173-179.

Cormican P, Meade K G, Cahalane S, *et al*. 2008. Evolution, expression and effectiveness in a cluster of novel bovine β-defensins. Immunogenetics, 60(3-4): 147-156.

Diamond G, Jones D E, Bevins C L. 1993. Airway epithelial cells are the site of expression of a mammalian antimicrobial peptide gene. Proc Natl Acad Sci U S A, 90(10): 4596-4600.

Diamond G, Kaiser V, Rhodes J, *et al*. 2000. Transcriptional regulation of beta-defensin gene expression in tracheal epithelial cells. Infect Immun, 68(1): 113-119.

Diamond G, Zasloff M, Eck H, *et al*. 1991. Tracheal antimicrobial peptide, a cysteine-rich peptide from mammalian tracheal mucosa: peptide isolation and cloning of a cDNA. Proc Natl Acad Sci USA, 88(9): 3952-3956.

Frank R W, Gennaro R, Schneider K, *et al*. 1990. Amino acid sequences of two proline-rich bactenecins. Antimicrobial peptides of bovine neutrophils. J Biol Chem, 265(31): 18871-18874.

Hu J H, Xu M L, Hang B L, *et al*. 2011. Isolation and characterization of an antimicrobial peptide from bovine hemoglobin α-subunit. World Journal of Microbiology and Biotechnology, 27(4): 767-771.

Liepke C, Baxmann S, Heine C, *et al*. 2003. Human hemoglobin-derived peptides exhibit antimicrobial activity: A class of host defense peptides. Journal of Chromatography B, 791(1-2): 345-356.

Linde A, Ross C R, Davis E G, *et al*. 2008. Innate immunity and host defense peptides in veterinary medicine. J Vet Intern Med, 22(2): 247-265.

Nakamura I, Watanabe A, Tsunemitsu H, *et al*. 2001. Production of recombinant bovine lactoferrin N-1obe in insect cells and its antimicrobial activity. Protein Expression and Purification, 21(3): 424-431.

Parish C A, Jiang H, Tokiwa Y, *et al*. 2001. Broad-spectrum antimicrobial activity of hemoglobin. Bioorganic and Medicinal Chemistry, 9(2): 377-382.

Ramanathan B, Davis E G, Ross C R, *et al*. 2002. Cathelicidins: microbicidal activity, mechanisms of action, and roles in innate immunity. Microbes Infect, 4(3): 361-372.

Romeo D, Skerlavaj B, Bolognesi M, *et al*. 1988. Structure and bactericidal activity of an antibiotic dodecapeptide purified from bovine neutrophils. J Biol Chem, 263(20): 9573-9575.

Roosen S, Exner K, Paul S, *et al*. 2004. Bovine beta-defensins: identification and characterization of novel bovine beta-defensin genes and their expression in mammary gland tissue. Mamm Genome, 15(10): 834-842.

Russell J P, Diamond G, Tarver A P, *et al*. 1996. Coordinate induction of two antibiotic genes in tracheal epithelial cells exposed to the inflammatory mediators lipopolysaccharide and tumor necrosis factor alpha. Infect Immun, 64(5): 1565-1568.

Schonwetter B S, Stolzenberg E D, Zasloff M A. 1995. Epithelial antibiotics induced at sites of inflammation. Science, 267(5204): 1645-1648.

Scocchi M, Wang S, Gennaro R, *et al*. 1998. Cloning and analysis of a transcript derived from two contiguous genes of the cathelicidin family. Biochim Biophys Acta, 1398(3): 393-396.

Scocchi M, Wang S, Zanetti M. 1997. Structural organization of the bovine cathelicidin gene family and identification of a novel member. Febs Lett, 417(3): 311-315.

Seebah S, Suresh A, Zhuo S, *et al*. 2007. Defensins knowledgebase: a manually curated database and information source focused on the defensins family of antimicrobial peptides. Nucleic Acids Res, 35(Database issue): D265-D268.

Selsted M E, Novotny M J, Morris W L, *et al*. 1992. Indolicidin, a novel bactericidal tridecapeptide amide from neutrophils. J Biol Chem, 267(7): 4292-4295.

Selsted M E, Tang Y Q, Morris W L, *et al*. 1993. Purification, primary structures, and antibacterial activities of beta-defensins, a new family of antimicrobial peptides from bovine neutrophils. J Biol Chem, 268(9): 6641-6648.

Skerlavaj B, Gennaro R, Bagella L, *et al*. 1996. Biological characterization of two novel cathelicidin-derived peptides and identification of structural requirements for their antimicrobial and cell lytic activities. J Biol Chem, 271(45): 28375-28381.

Stolzenberg E D, Anderson G M, Ackermann M R, *et al*. 1997. Epithelial antibiotic induced in states of disease. Proc Natl Acad Sci USA, 94(16): 8686-8690.

Swanson K, Gorodetsky S, Good L, *et al*. 2004. Expression of a beta-defensin mRNA, lingual antimicrobial peptide, in bovine mammary epithelial tissue is induced by mastitis. Infect Immun, 72(12): 7311-7314.

Tian Z G, Teng D, Yang Y L, *et al*. 1996. Multimerization and fusion expression of bovine lactoferricin derivative LfcinB15-W4,10 in Escherichia coli. Applied Microbiology and Biotechnology. 2007, 75(1):117-124.

Yarns S, Rosen J M, Cole A M, *et al*. 1996. Production of active bovine trachea antimicrobial peptide in milk of transgenic mice. Proc Natl Acad Sci USA, 93(24): 14118-14121.

Zanetti M, Gennaro R, Romeo D. 1995. Cathelicidins: a novel protein family with a common proregion and a variable C-terminal antimicrobial domain. Febs Lett, 374(1): 1-5.

第六章　羊源抗菌肽

羊源抗菌肽(ovine antibacterial peptide)是主要存在于绵羊中性粒细胞、骨髓细胞、肺部上皮细胞、乳汁中的一类有抗菌活性的小分子多肽。它具有广谱抗菌性、热稳定性、不易产生耐药性、作用机制独特等特点。国外在此方面开展了大量的研究，但国内在这方面的研究还比较少。本章主要对羊源抗菌肽种类、特点、抗菌活性、基因工程和应用前景等进行简要介绍。

第一节　羊源抗菌肽的类型

羊源抗菌肽分为阳离子抗菌肽和阴离子抗菌肽两大类，大约有 11 种。根据结构的不同，把阳离子型羊源抗菌肽又分为防御素(defensin)和 cathelicidin。阴离子型羊源抗菌肽到目前仅发现一种，即气管表面活性阴离子抗菌肽(SAAP)。

一、防御素

防御素有 α-防御素、β-防御素和 φ-防御素。但是，到目前为止，仅有 β-防御素基因在绵羊中被确定。Huttner 等(1998)确定了 2 个羊 β-防御素基因，并且命名为 *SBD1*、*SBD2*(sheep beta defensin 1/2)。

SBD1 和 *SBD2* 基因均含 2 个外显子和 1 个约 1500bp 的内含子，定位于 26 号染色体。*SBD1* 基因广泛存在于绵羊上皮组织，如气管、舌黏膜、瘤胃、网胃、瓣胃和结肠中。唐博(2008)通过 RT-PCR 技术发现 SBD1 在蒙古绵羊雌性生殖道的羊输卵管、子宫、子宫颈、阴道中均有表达，其中在子宫颈的表达量最高，子宫和输卵管内的表达量次之，阴道内的表达量最少。但是，SBD2 仅在回肠和结肠中有表达。但邵艳红等(2008)通过原位杂交技术在蒙古绵羊胎儿的肺、胃、肠、子宫、舌、心等组织中检测到 *SBD2* mRNA。在同一个体不同组织、不同个体同一组织 *SBD* mRNA 的表达水平不同，在胎儿期，9 月龄胎儿 *SBD* 基因表达水平最高，说明 *SBD* 基因表达在出生前后发育中受到调控。这为进一步研究通过日粮调控抗菌肽基因的表达提供了理论依据。

二、cathelicidin

目前，已经确定了 8 个羊 cathelicidin 抗菌肽。8 个羊 cathelicidin 抗菌肽全长基因均含有 4 个外显子，被定位于 19 号染色体。

根据结构的差异，将羊 cathelicidin 抗菌肽分为 3 类：α 螺旋羊 cathelicidin 抗菌肽、富含某一种或多种氨基酸的羊 cathelicidin 抗菌肽和含有二硫键的羊 cathelicidin 抗菌肽。

1. α 螺旋羊 cathelicidin 抗菌肽

2 个 α 螺旋羊 cathelicidin 抗菌肽氨基酸序列已经被确定，即 SMAP29 和 SMAP34（sheep myeloid antibacterial peptides with 29 and 34 amino acid）。到目前为止，虽然这 2 个 α 螺旋 cathelicidin 抗菌肽已经被深入研究并且人工合成和通过基因工程技术成功表达。

Mahoney 等（1995）首先进行了人工合成，并检测了 SMAP29 的活性，结果表明 SMAP29 具有很强的抗菌活性。Skerlavaj 等（1999）认为，SMAP29 的天然形式可能是一个发生酰胺化、含 28 个残基的多肽。Brogden 等（2001）研究表明，SMAP29 对溶血性曼氏杆菌（*M. haemolytica*）、铜绿假单胞菌（*P. aeruginosa*）有很强的杀伤效力，非常有临床应用潜力 SMAP29 的生物活性不受高盐浓度的影响。SMAP29 可引起绵羊红细胞溶血，但却不引起人的红细胞溶血。

Shin 等（2001）对 SMAP29 结构（图 6-1）与功能进行了研究，表明 SMAP29 在水溶液中有一个无序的结构，但在含有 SDS 的水溶液中以 α 螺旋形式存在。α 螺旋的 N 端起抗菌作用，而 C 端疏水性区域却起溶血作用。位于 19 号的脯氨酸对抗菌肽的杀菌活性高低起至关重要的作用。Tack 等（2002）深入研究了脂多糖与 SMAP29 的结合能力，发现 SMAP29 有 2 个 LPS 结合位点，一个位于 SMAP29 的 N 端，另一个位于 C 端，并且这两个 LPS 结合位点有着协同作用。第 8~12 个氨基酸位于一螺旋上，第 18~19 个氨基酸形成一个铰链，第 20~28 个氨基酸组成 SMAP29 抗菌肽的疏水片段。

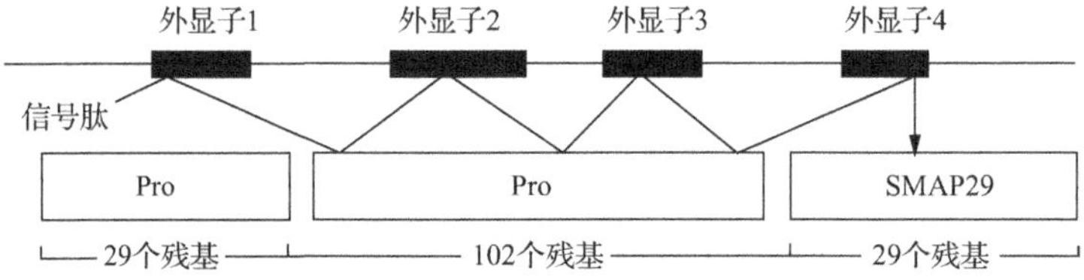

图 6-1 *SMAP29* 基因结构

SMAP29 以穿孔方式作用于细胞。在扫描电镜下，SMAP29 能迅速引起大肠杆菌和铜绿假单胞菌表面结构发生改变，形成大量的水泡样物质。在免疫电镜下，SMAP29 能在瞬间穿透大肠杆菌细胞膜进入到细胞质。Lee 等（2002）研究了 SMAP 的衍生物（含 SMAP 第 1~18 个氨基酸）的作用机制，其可以与细胞的双脂膜分子相互作用破坏其结构。

对 SMAP34 的研究不如 SMAP29 深入透彻，SMAP34 抗溶血性曼氏杆菌、铜绿假单胞菌的活性比 SMAP29 低，其活性也不受盐浓度影响。

2. 富含精氨酸和(或)脯氨酸的羊 cathelicidin 抗菌肽

抗菌肽 OaBac5、OaBac6、OaBac7.5、OaBac11 是富含精氨酸和脯氨酸的羊 cathelicidin 抗菌肽，它们的 cDNA 已经被确定。它们的命名标准是用 OaBac 表示羊源抗菌肽，即 ovis aries bactenecin，5、6、7.5 和 11 指的是这 4 种抗菌肽的分子质量分别为 5.0kU、6.0kU、7.5kU 和 11.0kU。这四个克隆的抗菌肽，仅有 OaBac5 和它的 3 个变种(即 OaBac5α、OaBac5β、OaBac5γ)从绵羊血液中性粒细胞中被分离到，OaBac5α 和 OaBac5β 被酰胺化且不同于 OaBac5，在氨基酸组成上 OaBac5α 与 OaBac5 有 1 个氨基酸的差别，OaBac5β 与 OaBac5 有 3 个氨基酸的差别。在抗菌活性方面，OaBac5 对大肠杆菌(*E. coli*)、金黄色葡萄球菌(*S. aureus*)、白色念珠菌(*C. albicans*)抗菌效果非常好，但在 100mmol/L 的盐浓度下则无抗菌活性。OaBac5 的 3 个变种 OaBac5α、OaBac5β、OaBac5γ 抗菌活性不如 OaBac5，但在 100mmol/L 的盐浓度下仍然具有抗菌活性。

3. 含有二硫键的羊 cathelicidin 抗菌肽

绵羊十二肽(ovis aries dodecapeptide，OaDoda)是由两个相同的基因编码的一个小肽。OaDoda 和牛的十二肽(dodecapeptide)同源，它们之间仅有 4 个氨基酸的差异。牛十二肽是由 12 个氨基酸、以二硫键连接成的环状小肽。OaDoda 具有疏水性，结构与牛十二肽相似。因为没有得到 OaDoda 样品，因此没有对其进行活性检测。

三、阴离子型羊源抗菌肽

绵羊肺部表面活性物质相关阴离子抗菌肽(surfactant-associated anionic peptide，SAAP)是 Brogden 等(1998)从绵羊肺泡表面活性物质中分离到的 3 个阴离子抗菌肽。后来的研究表明，SAAP 也存在于支气管肺泡灌洗液和呼吸道组织中。阴离子羊源抗菌肽氨基酸数目较少，分子质量较小，电荷呈阴性。分离到的 3 个 SAAP 仅含有 7 个氨基酸，包含大量的天冬氨酸(Asp)或天冬酰胺(Asn)，可以抑杀大肠杆菌和肺炎克雷伯菌(*K. pneumoniae*)。

SAAP 作用机制是锌离子盐桥作用。SAAP 富含阴离子，需要与锌结合形成阳离子盐桥才能发挥正常功能。盐桥能使多肽克服负电荷差，顺利穿过细菌外膜，不引起任何形态上的改变。一旦进入细胞质，SAAP 可能与核糖体相连，抑制核糖核酸酶的活性，最终引起胞质蛋白的沉淀和析出。这些肽在镁盐溶液和锌盐溶液中具有抗革兰阳性菌和革兰阴性菌活性，但溶于磷酸盐缓冲液时其活性大大降低。

第二节　羊源抗菌肽的基因工程简介

一、原核表达羊源抗菌肽

Morassutti 等(2005)成功地进行了 SMAP29 原核表达，为防止 SMAP29 对宿主表达载体大肠杆菌的杀伤，采用融合蛋白方式表达。

二、真核表达羊源抗菌肽

秦莹等(2012)通过重叠延伸PCR方法克隆出277bp的羊β-防御素基因cDNA，并构建了真核表达载体，转染后获得了稳定表达羊 β-防御素基因的羊胎儿成纤维细胞系，其细胞培养上清对大肠杆菌具有显著的抑制作用。

三、转羊源抗菌肽基因植物

Morassutti 等(2002)还将 *SMAP29* 基因转到烟草中，获得羊源抗菌肽转基因植物。

第三节　羊源抗菌肽的应用

由于羊源抗菌肽具有广谱抗菌活性，作用机制独特，使微生物不易产生耐药性的特点。因此，羊源抗菌肽在绵羊疾病治疗、保障动物健康、冷冻肉制品中食品防腐剂、延长食品贮藏有效期和人类疾病治疗方面有着广阔的应用前景。

一、治疗绵羊的疾病

羊源抗菌肽最显而易见的用途是治疗绵羊疾病。溶血性曼氏杆菌(*Mannheimia haemolytica*)是一种绵羊呼吸道病原菌，如果不被控制可增殖扩散到上呼吸道和肺组织，引起急性肺炎。Brogden 等(1998)认为，绵羊防御素和 SAAP 在控制该病原菌的传播方面起重要作用。体外研究结果表明，SAAP 能有效杀死溶血性曼氏杆菌。体内试验结果表明，绵羊阴离子肽(AP)可减缓肺组织感染羊的炎症反应和细菌浓度。感染后投药比感染前投药效果更显著。Bordgen 等(2001)研究了 SMAP29 和 SMAP34 对溶血性曼氏杆菌和包括铜绿假单胞菌(*P. aeruginosa*)在内的其他绵羊病原菌的作用，结果表明，两者都具有广谱抗菌活性，其中 SMAP29 的活性更高一些。

二、作为生物防腐剂

羊源抗菌肽的另一个应用是用从绵羊血中提取 cathelicidin 抗菌肽作为冷冻肉制品的生物防腐剂。抗菌肽被用作生物保藏剂时，对其纯度要求不高，含抗菌肽的混合物及其他血液蛋白质的粗提物都可以利用，这就消除了昂贵的下游过程、步骤的花费。也就意味着，天然的保藏剂具有潜在的市场前景。

三、治疗人类疾病

在已知的羊源抗菌肽中，潜力最大、前景最广阔的是 SMAP29，SMAP29 的抗菌谱较广。SMAP29 在体外能有效杀死从胆囊纤维样变性患者中分离到的铜绿假单胞菌(*P. aeruginosa*)。这种肽还能有效抑制大部分的口腔病原菌，表明其具有治疗口腔感染的潜能。

参 考 文 献

陈琛，王新华，薄新文，等. 2007. 绵羊抗菌肽研究进展. 生物技术通报, 2: 36-39.

秦莹，朱僧，马奎莹，等. 2012. 羊 β-防卫素在羊胎儿成纤维细胞系中的表达及抗菌活性研究. 中国畜牧兽医学会动物解剖学及组织胚胎学分会第十七次学术研讨会议论文集(下).

邵艳红，李咏兰，曹贵方，等. 2008. 原位杂交技术检测蒙古绵羊胎儿 β-防御素的表达. 中国畜牧兽医, 35(9): 48-52.

唐博，曹贵方，吕东媛，等. 2008. 蒙古绵羊雌性生殖道 β-防御素(sBD-1)的序列分析及组织表达. 中国兽医学报, 28(8): 987-990.

Benincasa M, Scocchi M, Pacor S, *et al*. 2006. Fungicidal activity of five cathelicidin peptides against clinically isolated yeasts. Journal of Antimicrobial Chemotherapy, 58(5): 950-959.

Brogden K A, Ackermann M R, Huttner K M. 1998. Detection of anionic antimicrobial peptides in ovine bronchoalveolar lavage fluid and respiratory epithelium. Infection and Immunity, 66(12):5948-5954.

Brogden K A, Kalfa V C, Ackermann M R, *et al*. 2001. The ovine cathelicidin SMAP29 kills ovine respiratory pathogens in vitro in an ovine model of pulmonary infection. Antimicrob Agents Chemother, 45(1): 331-334.

Brogden K A, Lucca A, Bland J, *et al*. 1996. Isolation of an ovine pulmonary surfactant-associated anionic peptide bactericidal for *Pasteurella haemolytica*. PNAS.USA, 93(1): 412-416.

Giacometti A, Cirioni O, Ghiselli R, *et al*. 2004. Cathelicidin peptide sheep myeloid antimicrobial peptide-29 prevents endotoxin-induced mortality in rat models of septic shock. American Journal of Respiratory and Critical Care Medicine, 169(2): 187-194.

Huttner K M, Lambeth M R, Burhin H R, *et al*. 1998. Localization and genomic organization of sheep antimicrobial peptides genes. Gene, 206(1): 85-91.

Kalfa V C, Jia H P, Kundle R A, *et al*. 2001. Congeners of SMAP29 kill ovine pathogens and induce ultra-structural damage in bacterial cells. Antimicrobial Agents and Chemotherapy, 45(11): 3256-3261.

Lee D G, Kim P I, Park Y, *et al*. 2002. Antifungal mechanism of SMAP-29 (1-18) isolated from sheep myeloid mRNA against Trichosporon beigelii. Biochem Biophys Res Commun, 295(3): 591-596.

Mahoney M M, Lee A Y, Brezinski-Caliguri D J, *et al*. 1995. Molecular analysis of the sheep cathelin family reveals a novel antimicrobial peptide. FEBS Letters, 377(3): 519-522.

Morassutti C, de Amicis F, Bandiera A, *et al*. 2005. Expression of SMAP-29 cathelicidin-like peptide in bacterial cells by intein-mediated system. Protein Expr Purif, 39(2): 160-168.

Morassutti C, de Amicis F, Skerlavaj B, *et al.* 2002. Production of a recombinant antimicrobial peptide in transgenic plants using a modified VMA intein expression system. FEBS Letters, 519 (1-3) : 141-146.

Shin S Y, Park E J, Yang S T, *et al.* 2001. Structure-activity analysis of SMAP-29, a sheep leukocytes-derived antimicrobial peptide. Biochem Biophy Res Commun, 285 (4) : 1046-1051.

Skerlavaj B, Benincasa M, Risso A, *et al.* 1999. SMAP-29: a ptent antibacterial and antifungal peptide from sheep leukocytes. FEBS Lett, 463 (1-2) : 58-62.

Tack B F, Sawai M V, Kearney W R, *et al.* 2002. SMAP-29 has two LPS-binding sites and a central hinge. Eur J Biochem, 269 (4) : 1181-1189.

Yarus S, Rosen J M, Cole A M, *et al.* 1996. Production of active bovine tracheal antimicrobial peptide in milk of transgenic mice. PNAS USA, 93 (24) : 14118-14121.

第七章　禽源抗菌肽

禽类不同于猪、牛和羊等哺乳动物，其体内的抗菌肽与哺乳动物相比较，有共性，也有差异的地方。本章主要对鸡、鸭、鹅和鸵鸟等几种禽类的抗菌肽进行简要阐述。

第一节　禽源抗菌肽概述

一、禽源抗菌肽的种类

根据来源不同，可将禽源抗菌肽分为两类：异嗜性白细胞肽和非异嗜性白细胞肽。目前，从鸡的异嗜性白细胞中分离得到了 2 种鸡的异嗜性多肽，将其命名为 CHP-1 和 CHP-2；在鸡的白细胞中发现了 4 种抗菌多肽，将其命名为 Gal-1、Gal-2、Gal-3、Gal-1α；从火鸡的异嗜性白细胞中分离到了 3 个火鸡异嗜性多肽 THP-1、THP-2 和 THP-3；从鸵鸟白细胞中分离得到 4 种抗菌多肽，即 ostricacin-1(Osp-1)、Osp-2、Osp-3 和 Osp-4；从企鹅的胃中分离出了 2 种抗菌多肽，即 Sphe-1 和 Sphe-2；在鸭体内发现了 3 个 β-防御素，分别为鸭 AvBD9、鸭 AvBD10 和鸭 AvBD2。

根据组成氨基酸数量的差异，可将禽源抗菌肽分为两个分支：第一个分支包括 THP-1、CHP-1、CHP-2、Gal-1 和 Gal-1α；第二个分支包括 THP-2、Gal-2 和 Osp-1。

不同的研究机构将鉴别到的各种不同的禽源抗菌肽建立了各自的命名系统，比较混乱。因此，Lynn 等(2007)建议确立一个新的标准化的命名系统。在该系统中，将使用“禽类 β-防御素”(avian β-defensin，AvBD)来代替 heterophil peptide、gallinacin、ostricacin 和 sphensicin。表 7-1 和表 7-2 列出了禽类 β-防御素的新旧名称。在本章节中，因为不清楚有些文献中 Gal 的名称是如何给定的，且完全遵照新命名法还需要一段时间，所以就沿用了文献中的名称。迄今为止，已从鸡、火鸡、鸵鸟、企鹅及鸭等禽类体内发现了 30 多种禽类 β-防御素。其中在鸡基因库中搜索到 14 种鸡 β-防御素、4 种 cathelicidin 和 1 种新的肝表达的抗微生物肽(LEAP-2)。

表 7-1　鸡 β-防御素的新旧名称对照表(Lynn *et al.*, 2007)

新名	旧名		
	Lynn/Higgs 等的定义	Xiao 等的定义	RefSeq 的定义
AvBD1	gallinacin-1 (Gal-1)	gallinacin-1 (Gal-1)	gallinacin-1 (Gal-1)
AvBD2	gallinacin-2 (Gal-2)	gallinacin-2 (Gal-2)	gallinacin-2 (Gal-2)
AvBD3	gallinacin-3 (Gal-3)	gallinacin-3 (Gal-3)	β-defensin prepropeptide (Gal-3)
AvBD4	gallinacin-7 prepropeptide (Gal-7)	β-defensin 4 (Gal-4)	Gal-4
AvBD5	gallinacin-9 prepropeptide (Gal-9)	β-defensin 5 (Gal-5)	Gal-5
AvBD6	gallinacin-4 prepropeptide (Gal-4)	β-defensin 6 (Gal-6)	Gal-6
AvBD7	gallinacin-5 prepropeptide (Gal-5)	β-defensin 7 (Gal-7)	Gal-7
AvBD8	gallinacin-12 prepropeptide (Gal-12)	β-defensin 8 (Gal-8)	Gal-8
AvBD9	gallinacin-6 prepropeptide (Gal-6)	β-defensin 9 (Gal-9)	Gal-9
AvBD10	gallinacin-8 prepropeptide (Gal-8)	β-defensin 10 (Gal-10)	Gal-10
AvBD11		β-defensin 11 (Gal-11)	Gallicin 11 (Gal-11)
AvBD12	gallinacin-10 prepropeptide (Gal-10)	β-defensin 12 (Gal-12)	β-defensin 12 (Gal-12)
AvBD13	gallinacin-11 prepropeptide (Gal-11)	β-defensin 13 (Gal-13)	β-defensin 13 (Gal-13)
AvBD14*			

*表示在 GenBank 数据库中被描述为 gallinacin-14 (Gal-14) (AM402954)

表 7-2　部分已知的非鸡源 β-防御素的新旧名称对照表(Lynn *et al.*, 2007)

新名	旧名
火鸡 AvBD1	Turkey heterophil prepropeptide 1 (THP-1)
火鸡 AvBD2	Turkey heterophil prepropeptide 2 (THP-2)
火鸡 AvBD3	Turkey β-defensin prepropeptide
鸵鸟 AvBD1	ostricacin-2 (Osp-2)
鸵鸟 AvBD2	ostricacin-1 (Osp-1)
鸵鸟 AvBD4	Ostrich gallinacin-4
鸵鸟 AvBD7	ostricacin-3 (Osp-3)
鸵鸟 AvBD8	ostricacin-4 (Osp-4)
企鹅 AvBD103a	Spheniscin-1 (Sphe-1)
企鹅 AvBD103b	Spheniscin-2 (Sphe-2)
鸭 AvBD2	Duck β-defensin
鸭 AvBD9	Duck β-defensin-6-like antimicrobial peptide
鸽 AvBD4	King pigeon β-defensin

二、禽源抗菌肽的基本结构

禽源抗菌肽分子一般都具有 β 片状二聚体结构，分子质量为 4~6kU，具有 3 对二硫键。禽源抗菌肽具有分子内相似性，如 Gal-1 和 THP-1 的前肽序列含有 65 个氨基酸，相似率达 85%。对禽类 β-防御素成熟肽的研究表明，CHP-1 和 Gal-1 的 C 端是赖氨酸而不是精氨酸和酪氨酸，其他基序列都非常相似。

所有禽类防御素具有与人类和牛防御素共同的保守区，包括 3 对半胱氨酸二硫键和 1 个甘氨酸残基，这暗示其在进化上的意义。

三、禽源抗菌肽的组织分布

防御素基因在动物体内的表达存在两种方式：固有型表达和诱导型表达。两种表达方式均具有组织特异性。禽类防御素的组织表达方式是禽先天性免疫机制选择的结果，与其他动物一样，在抵抗外来微生物或者杀灭进入体内病原微生物的免疫防御中起重要作用。

禽类的 β-防御素分布广泛，可在鸡、火鸡、鸵鸟的血液，鸡、火鸡的上皮细胞，企鹅的胃上皮细胞中存在。Gal-1 存在于鸡的骨髓、肺、法氏囊和皮肤，Gal-3 可在舌、法氏囊、气管、皮肤、食道、气囊、大肠和肾等组织器官广泛表达，Gal-2 在肺、骨髓中表达。而火鸡的 Gpv-1 在其气管上皮组织表达。企鹅的 Sphe-1 与 Sphe-2 存在于胃内，其浓度在食物贮存期比消化期明显地高，所以企鹅可以保持胃内食物至少 2 周不变质，说明此两种防御素在胃内具有抗微生物作用。

四、禽源抗菌肽的生物学活性

由于禽类异嗜性白细胞缺乏由超氧化物离子、过氧化氢和过氧化物酶组成的氧化机制，禽类则更多依赖非氧化机制(如溶菌酶、阳离子蛋白和肽)来抵抗外来微生物的侵袭与感染，维护机体健康。β-防御素是禽类先天性免疫的重要组成部分，不但在内源性免疫中起重要作用，为机体抵御外界微生物侵袭的第一道屏障，而且在机体固有免疫防御中发挥着重要作用。

β-防御素也具有广谱抗致病性微生物活性，其抗菌谱分别为：Gal-1 和 Gal-1α 抗白色念珠菌、大肠杆菌、金黄色葡萄球菌、产单核细胞李氏杆菌；Gal-2 抗大肠杆菌、产单核细胞李氏杆菌；CHP-1、CHP-2 与 THP-1 抗白色念珠菌、大肠杆菌、波氏杆菌、肠炎沙门菌、伤寒沙门菌、空肠弯曲杆菌、鸡毒支原体；THP-3 抗白色念珠菌、沙门菌、空肠弯曲杆菌；Osp-2 抗大肠杆菌、金黄色葡萄球菌；Sphe-2 抗枯草芽胞杆菌、肠炎沙门菌、烟曲霉菌。禽异嗜性白细胞肽可抑制大肠杆菌、白色葡萄球菌、白色假丝酵母、沙雷菌属的黏质赛氏杆菌的生长。但仅有一些抗菌肽(如鸡、火鸡异嗜性白细胞肽)具有抗白色念珠菌活性。与禽类 β-防御素相比，人工合成的企鹅源抗菌肽 Sphe-2 的抗菌谱较广，不仅能够抗除腐生葡萄球菌外的所有试验的革兰阳性菌，还具有抑制除 *E.coli* 1106 与麦氏弧菌(*V. metsnikovii*)外的所有革兰阴性菌的生物学活性。Sphe-2 也可抑制烟曲霉菌孢子的形成，但无抗假丝酵母活性。在低 pH、企鹅胃内容物的条件下，人工合成的 Sphe-2 也保持抗微生物活性。显然，企鹅源抗菌肽的抗菌特性是在孵化期维持食物新鲜的重要机制。

五、禽源抗菌肽的进化

在进化上，除保守的 3 对半胱氨酸残基外，禽类 β-防御素与其他脊椎动物(人、牛、猪和鼠)β-防御素的一级结构高度变异。从平胸鸟——鸵鸟体内分离出 Osp-1，表明 β-防御素基因已存在很长时间。平胸类鸟是最古老鸟类的活化石，鸵鸟和哺乳动物的基因组仍保留有 β-防御素基因，这暗示该防御素很可能来源于远古基因。鸡 Gal-3 和火鸡 Gpv-1 与响尾蛇毒液中的一种肌肉毒肽(myotoxic)及雄性鸭嘴兽毒液肽比较，也发现其结构类似。这样两组化合物均具有 β-防御素主要结构。对鸭嘴兽毒液研究表明，毒液中 4 个肽的三级结构与牛中性粒细胞 β-防御素 1 相似(Lehrer *et al.*，2002)。而爬行动物是最古老的脊椎动物物种。这些证据表明，β-防御素基因起源于远古基因，并由远古基因演化而来。

迄今，β-防御素的氨基酸序列和结构更类似于昆虫防御素而不是哺乳动物 α-防御素，而且仅在两类古老动物(脊椎动物的爬行类和鸟类动物)体内发现 β-防御素和 β-防御素样肽，这表明防御素家族起源于 β-防御素。所有防御素的祖先是 β-防御素样分子。在哺乳动物，演化的结果不仅出现了 β-防御素，也产生了 α-防御素和 θ-防御素。因为在恒河猴白细胞内同时发现了 θ-防御素和其他防御素，因此 θ-防御素可能是进化过程的进一步证据。通过仅包含 3 个半胱氨酸残基的两个防御素前体的修饰和连接形成该肽，其前体是带有未成熟终止密码子、变异的 α-防御素基因的产物。基因进化关系表明，研究禽类防御素具有重要意义，至少可以从其基因组中查找更多的防御素基因，也暗示其在家禽抗病育种上的意义。

第二节　鸡源抗菌肽

鸡 β-防御素氨基酸序列主要由信号肽、前片段和成熟肽组成，含有 6 个稳定的半胱氨酸框架，C-$X_{4\sim8}$-C-$X_{3\sim5}$-C-$X_{9\sim13}$-C-$X_{4\sim7}$-C-C，分别以 1-6、2-4、3-5 连接形成 3 个分子内二硫键，构成稳定的、反向平行的富含精氨酸、具有亲水性和亲脂性、特征性 β 片层结构。

一、鸡源抗菌肽的种类与结构

迄今为止，已在鸡基因库中搜索到14种鸡β-防御素(gallinacin-1～gallinacin-14，Gal-1~Gal-14)、4种cathelicidin和1种新的肝表达的抗微生物肽(LEAP-2)。

1. 鸡β-防御素

Evans等(1994)从鸡异嗜性白细胞中分离纯化出来Gal-1、Gal-1α和Gal-2。Zhao等(2001)从鸡的上皮组织中鉴定出Gal-3。随后，Lynn等(2004)和Xiao等(2004)2个独立研究小组各自利用生物信息学方法从鸡的基因组中鉴定出10种新的β-防御素(*Gal-4~Gal-13*)基因。到目前为止，在鸡体内共发现14中β-防御素。

鸡β-防御素基因全长编码区编码的前体肽长度为63~104个氨基酸不等，由N端20个氨基酸残基的信号肽、前片段和C端成熟肽组成。不同的β-防御素的前片段和C端成熟肽长度不一。成熟的抗菌肽为38~42个氨基酸残基，分子质量3~5kU的两亲性(亲水和亲脂)阳离子多肽，富含精氨酸和赖氨酸，分子内富含6个保守的半胱氨酸残基，分别形成1-5、2-4、3-6连接的3对分子内二硫键。鸡β-防御素中的二硫键可以使小分子防御素紧密连接，防止蛋白酶的水解。因此，在富含蛋白酶的吞噬溶酶体环境中仍能保持其特性。*Gal-3*基因编码的成熟肽末端还含有22个氨基酸残基C端延伸。另外，*Gal-13*基因编码产物包含2段含6个保守的半胱氨酸残基基序的C端，但氨基酸组成不同。Gal-3和Gal-13的C端延伸的功能目前还未知。

Xiao等(2004)通过比较基因组的cDNA序列发现，除*Gal-12*最后两个外显子融合在一起外，其余的*Gal*基因由4个短外显子被3个长为117~3322bp的内含子分隔而形成(*Gal-3~Gal-5*、*Gal-9~Gal-13*基因cDNA序列的5′-UTR额外序列信息缺失，使得无法预测这几个基因的第一个外显子和内含子)。如图7-1所示，鸡β-防御素基因簇是由14个β-防御素基因构成相互连接的基因组重叠群。通过研究*Gal-9*基因的启动子序列发现，在*Gal-9*上游区域包括了许多转录因子结合位点，如AP-1、NF-IL-6。这些转录因子结合位点反映了外源条件可以诱导刺激Gal表达，这为通过外源调控可以增加内源性Gal表达提供依据。

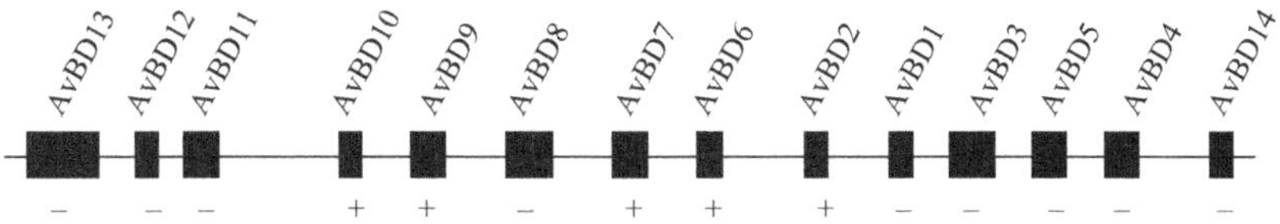

图7-1 鸡β-防御素基因在鸡3号染色体上的分布((Lynn *et al.*，2007))

基因位置用黑色方框表示；转录方向用不同方向的正负号表示

AvBD6 基因前体肽由 68 个氨基酸残基组成，其 cDNA 全长为 204bp。Gal-9 的成熟肽由 67 个氨基酸残基组成，其 cDNA 长为 201bp。

2. 鸡 cathelicidin 抗菌肽

鸡 cathelicidin 包括 fowlicidin-1(cathelicidin-1、chCATH-1)、fowlicidin-2(cathelicidin-2、chCATH-2)、cathelicidin-B1(chCATH-B1)、fowlicidin-3(cathelicidin-3、chCATH-3)等。鸡的 4 个 cathelicidin 的基因密集地排列在鸡 2 号染色体 p 臂上，长度为 7.5kb。除 *chCATH-2* 基因含有 5 个外显子外，其余 3 个 cathelicidin 的基因均含 4 个外显子，4 个外显子被 3 个内含子隔开。*chCATH-3* 基因与 *chCATH-1*、*chCATH-B1* 和 *chCATH-2* 基因的转录方向相反。Cathelicidin 的基因前面 3 个外显子编码 N 端信号肽和高度保守的 cathelin 前体序列，最后一个外显子编码 C 端成熟肽序列，即具有抗菌活性的抗菌域序列(Antimicrobial domain)。成熟的 chCATH-1、chCATH-2 和 chCATH-3 抗菌肽分别含 26 个、32 个和 29 个氨基酸残基，不含半胱氨酸残基。

fowlicidin 在鸡免疫组织中有很高的表达，如骨髓样组织、淋巴样组织，尤其在法氏囊和骨髓中居多；在其他组织脏器中也有适度的表达(如脾、肾、肝)；在消化道中的表达变化比较大，在食管中没有表达，在食管与前胃交界处的食管扁桃体中略有表达，在盲肠扁桃体处表达较高，这可能与扁桃体属于肠相关淋巴组织的一部分有关。fowlicidin 在皮肤组织表达量很低，但在尾脂腺中却有极高的表达量。fowlicidin 可随尾脂腺分泌的油脂通过尘浴来遍布在整个羽毛上，与分泌型腺油脂中含有的具有抗菌特性的烷基代石蜡酸和乙醇，为禽类抗感染提供保护作用。fowlicidin-3 是鸡 fowlicidin 中的成员之一，是富含精氨酸的单链分子，由 29 个氨基酸组成。fowlicidin-3 在模拟的膜环境中形成 α 螺旋二级构象。这种抗菌肽具有许多 α 螺旋阳离子宿主防御肽共同特征，即由于它们都有一个保守的甘氨酸残基存在，使得这两种短肽中心螺旋区域附近都有一个铰链，而铰链结构的存在有助于增强抗菌肽分子的柔韧度，从而减少其他一些刚性抗菌肽对哺乳动物细胞的毒性伤害。fowlicidin-3 氨基端具有一个高度保守的 cathelin 前片段，其羧基端的氨基酸序列具有特异性，具有较强的抗菌活性和免疫调节功能。

二、鸡源抗菌肽的分布及表达

Lynn 等(2004)研究发现，Gal-1 和 Gal-2 在 21 日龄健康肉鸡的肠道(小肠和大肠)和法氏囊有中等强度的表达，在泄殖腔胆囊和胰腺呈微弱表达。但是，Zhao 等(2001)报道，Gal-1 和 Gal-2 在 3 月龄健康鸡的消化道组织中未见表达。这说明，Gal-1 和 Gal-2 在鸡消化道中的表达可能存在发育性变化。*Gal-3* 基因强表达于健康鸡的舌、法氏囊和气管，在食管中有中等强度的表达，而在小肠和大肠中呈微弱表达。鸡感染副鸡禽杆菌(*A. paragallinarum*)后，气管 Gal-3 表达量显著升高，而在舌、食管和法氏囊中的表达仍未见显著变化。通过体外细胞培养试验发现，脂多糖（LPS）和灭活卡介苗可显著增强气管上皮细胞 Gal-3 的表达，但对法氏囊细胞 Gal-3 的表达无影响。这些研究结果表明，Gal-3 在舌、食管和法氏囊等消化道组织中为固有表达，而在气管中为诱导表达，这对维持这些部位的正常菌群起重要作用，尤其是舌头的 Gal-3 高水平表达可有效防止病原微生物由口进入胃肠道中。

van Dijk 等（2005）研究表明，Gal-6 高表达于 42 日龄健康肉鸡的消化道近端部位，即食管和嗉囊，中等强度表达于腺胃，而在整个肠道（小肠和大肠）表达量很低。Gal-6 在鸡肠道具有诱导表达特点。但是，Lynn 等（2004）和 Xiao 等（2004）未发现消化道近端部位有明显的 Gal-6 表达。这些差异的存在可能与鸡的个体差异、品种、鸡的年龄和实验的检测灵敏度有关。另外也表明，Gal-6 在消化道的表达可能存在发育性变化。

Gal-4、Gal-5 和 Gal-7 在消化道中具有相似的表达模式。在 21 日龄肉鸡舌、小肠和大肠的表达水平很低，在消化道其他部位未见表达，而在 2 月龄鸡所有消化道部位均未见 Gal-4、Gal-5 和 Gal-7 的表达。Milona 等（2007）研究发现，Gal-7 在 38 日龄鸡的舌、肌胃、胰腺、小肠和直肠均有低水平表达，而且在不同年龄（1 日龄、38 日龄）的鸡肠道均有表达（出生 1 周达到高峰，随后下降），而 Gal-4 在消化道所有部位均未见表达。这些 β-防御素基因所呈现的不同表达模式可能与不同研究者所采用的鸡品种、性别、年龄及鸡的感染状况有关。由此表明，Gal-4、Gal-5 和 Gal-7 的表达可能与抗菌肽的作用机制间存在时间和品种特异性。5 日龄鸡经口感染肠炎沙门菌和鼠伤寒沙门菌后第 3 天鸡小肠 *Gal-4* 和 *Gal-7* 基因表达未见上升，而肝 *Gal-7* 基因表达显著上升，说明 *Gal-7* 基因的诱导表达存在组织特异性。

Gal-9 在舌中呈中等强度表达，在食管中有微弱表达，而在消化道其他部位未见表达，但在食道和嗉囊中表达量较高。

Gal-10 除在大肠有微弱表达外，在消化道其他部位未见表达。Gal-11 在小肠、肝和胆囊有强表达，而在舌、腺胃和胰腺有中等强度表达。Gal-8 和 Gal-12 尽管在肝、胆囊有强表达，但在消化道未见表达。Gal-13 在消化系统的所有组织器官未见表达。

cathelicidin-1 在 21 日龄肉鸡法氏囊、睾丸和骨髓中有强表达，而在肌胃、小肠和大肠有中等强度表达。fowlicidin-2（CMAP27）高表达于 42 日龄肉鸡盲肠扁桃体（caecal tonsil），中等强度表达于腺胃及整个肠道，而在上消化道（舌、食管、嗉囊和肌胃）不表达。

三、鸡源抗菌肽的抗菌作用

绝大多数禽源抗菌肽具有抗革兰阳性菌（如金黄色葡萄球菌）和抗革兰阴性菌（如大肠杆菌）的作用，少数具有抗白色念珠菌的作用。

研究表明，Gal-1 和 Gal-2 对大肠杆菌和单核细胞增多性李氏杆菌、肠炎沙门菌和空肠弯曲杆菌、禽博德特菌等均具有很强的抑菌能力，但不能杀灭多杀性巴氏杆菌。Gal-1 对白色念珠菌和金黄色葡萄球菌也具有很强的抑菌能力。van Dijk 等(2007)研究发现，Gal-6(AvBD6)具有很强的杀细菌和真菌活性，包括食物源病原菌空肠弯曲杆菌、鼠伤寒沙门菌、大肠杆菌、金黄色葡萄球菌、产气荚膜梭菌、化脓性链球菌及真菌白色念珠菌、酿酒酵母，而且 Gal-6 在高盐浓度(150mmol/L NaCl)条件下对鼠伤寒沙门菌、大肠杆菌、产气荚膜梭菌和金黄色葡萄球菌仍具有杀菌活性。Gal-4、Gal-7、Gal-9 对肠炎沙门菌和鼠伤寒沙门菌均具有很强的抑制活性，抑菌能力大小顺序为 Gal-9≥Gal-4≥Gal-7，且 Gal-7 和 Gal-9 对肠炎沙门菌的杀菌能力具有协同作用。韩宗玺等(2008)研究结果表明，重组鸡源抗菌肽 Gal-9(AvBD5)对大肠杆菌与致病性链球菌都具有一定的抗菌活性。冯培祥等(2014)认为，原核表达的鸡 Gal-9 在 pH6.0 时就有抑菌活性，而在 pH8.0 时抑菌效果最好。重组鸡 Gal-8(AvBD10)蛋白对大肠杆菌、多杀性巴氏杆菌、金黄色葡萄球菌、嗜酸乳杆菌、枯草芽胞杆菌有抗菌活性，但对猪霍乱沙门菌没有抗菌活性(廖文艳等，2008)。Gal-11 可抑制大肠杆菌、单核细胞增多性李氏杆菌、鼠伤寒沙门菌和化脓性链球菌，且在 500g/ml 的浓度下能完全杀灭单核细胞增多性李氏杆菌和鼠伤寒沙门菌。

鸡 cathelicidin 抗菌肽家族亦具有很强的广谱抗菌活性。Xiao 等(2006)研究表明，cathelicidin-1、cathelicidin-2、cathelicidin-3 对大肠杆菌、多重耐药性鼠伤寒沙门菌、肺炎克雷伯菌、绿脓杆菌、单核细胞增多性李氏杆菌和多重耐药性金黄色葡萄球菌具有很强的抑制活性，其最小抑菌浓度(MIC)为 0.4~2.0mol/L，合成的 cathelicidin-B1 的 C 端抗菌肽在体外能杀灭大肠杆菌、金黄色葡萄球菌、绿脓杆菌及炭疽芽孢杆菌，对这些菌的 MIC 为 0.63~2.5mol/L。李荣荣等(2010)研究表明，鸡源抗菌肽 Folicidin-3 在毕赤酵母中的分泌表达产物对致病性大肠杆菌和鸡白痢沙门菌均有杀菌活性。与其他抗菌肽如 β-防御素不同，鸡 cathelicidin 在 50% 血清及高盐浓度(100mmol/L NaCl)条件下抑菌能力不变(许多 β-防御素在此条件下失去抑菌能力)。

第三节　鸭源抗菌肽

一、鸭源抗菌肽 AvBD2

王瑞琴等(2009)研究发现了鸭 *AvBD2* 基因。与已发现的 *AvBD9*、*AvBD10* 相同，鸭 AvBD2 多肽 N 端含有一个信号肽，C 端含有一个成熟肽，后者含有阳离子氨基酸和疏水性氨基酸(图 7-2)。这种结构对于 AvBD 的杀菌功能极为关键。

GAGGGAAGGGACCAAGAAGAGCTCTTGTTTGGCCTTTGGGGTCATCTAGTACCT
GTGCTTAGCAGATCTGCAACC **ATG AGG ATC CTT TAC CTG CTC TTC TCT GTC**
M R I L Y L L F S V
CTT TTC CTG GTG CTC CAG GTT TCT CCA GGA TTG TCT TTG CCC CAG CGG
L F L V L Q V S P G L S L P Q *R*
GAC ATG TTT CTC TGT AGG AA(T)A GGC TCC TGC CAC TTC GGA AGA TGT
D M F L C R K(I) G S C H F G R C
CCC ATC CAC CTG A(G)TC AGA GTT GGA AGC(T) TGC TTT GGG TTC CGC TCC
P I H L I(V) R V G S C F G F R S
TGC TGC AAA TCG CCA TGG GAT GTA TAA AAACTTCATGGACTTTCCATTCAA
C C K S P W D V
GAGCTATGAAAATTTCTTCCAGGAACTTTCTCTGAATCTCCTTCCTGTTACAACC

图 7-2　鸭 *AvBD2* 基因测序结果与序列分析

粗体为 ORF 与推导的氨基酸序列；下划线为信号肽序列；斜体为成熟肽序列

1. 鸭 AvBD2 的遗传进化分析

对鸭 AvBD2 与其他 AvBD 和部分哺乳动物 β-防御素-2 进行遗传进化分析发现，鸭 AvBD2 与其他来源的 AvBD2 同源性很高。从遗传进化树上可进一步发现，不同禽类的 AvBD 普遍存在高同源性，如鸡 AvBD1 与火鸡 AvBD1、鸡 AvBD2 与火鸡 AvBD2、鸡 AvBD3 与火鸡 AvBD3、鸡 AvBD4 与火鸡 AvBD4、鸡 AvBD9 与鸭 AvBD9、鸡 AvBD10 与鸭 AvBD10 等。鸭 AvBD2 与部分哺乳动物的同源性很低，这表明鸭 *AvBD2* 基因存在较大的种属特异性，而同一种属不同品种间差异甚微。对于禽类和哺乳动物中都存在 β-防御素但同源性却很低这种现象，一些学者用达尔文的进化论来解释。因为不同种类的动物面临不同的病原侵袭，其氨基酸水平会发生显著的变异，β-防御素是一类较短的多肽，达尔文的阳性选择认为这导致了物种在进化过程中出现了多样性。

2. 鸭 AvBD2 在组织中的表达

张辉华等(2011)对在机体不同组织部位表达分布的研究结果表明，鸭 AvBD2 在 1 日龄与 20 日龄鸭的脾和肾组织中均大量表达，在骨髓中呈中等水平表达，在心脏和肝中仅少量表达，在其他组织器官内均未检测到有表达。但 Soman 等(2009)的研究发现有所不同，他们的结果是鸭 AvBD2 在脾和骨髓中大量表达，腔上囊、卵巢、小肠有少量表达。可能与鸭品种不同有关。防御素基因在不同组织中的表达差异性，是与其功能相关的。

3. 鸭 AvBD2 的抗菌作用

重组鸭 AvBD2 融合蛋白对多杀性巴氏杆菌、金黄色葡萄球菌、枯草芽胞杆菌具有抑菌活性，对大肠杆菌和猪霍乱沙门菌的抑菌活性较弱。鸭 AvBD2 N 端第 1 和第 2 个半胱氨酸之间缺少 2 个阳离子氨基酸，可能影响了重组鸭 AvBD2 融合蛋白的抗菌活性。

重组鸭 AvBD2 对温度和酸碱度有较高的稳定性，与廖文艳等(2008)关于其他鸡重组 AvBD 蛋白生物学作用的研究一致。研究表明，重组鸭 AvBD2 融合蛋白具有耐受饲料加工过程的高温处理并适应畜禽消化道内环境 pH 的特性，为重组禽类β-防御素作为饲料添加剂或直接口服等应用提供了试验依据。

二、鸭源抗菌肽 AvBD9

1. 鸭 *AvBD9* 基因

鸭 *AvBD9* 基因由 204 个碱基组成，前体肽包括 67 个氨基酸残基。鸭 *AvBD9* 基因在鸭体内各组织器官中广泛表达，特别是在消化系统与免疫系统中广泛分布。消化系统是体内极易受到大量细菌攻击的部位之一，鸡、鸭 *AvBD9* 基因在上述组织中大量表达提示，该防御素对维护消化系统组织完整性发挥重要作用。此外，鸭 *AvBD9* 基因在鸭免疫器官中的广泛表达显示，该基因在体内除了抗菌作用外，在先天性免疫方面也发挥重要作用。

2. 鸭 AvBD9 的抗菌活性

Ma 等(2008)的抑菌试验表明，重组鸭 AvBD9 蛋白对大肠杆菌、多杀性巴氏杆菌、金黄色葡萄球菌、嗜酸乳杆菌和枯草芽胞杆菌等具有抗菌活性。因此，重组鸭 AvBD9 对革兰阳性菌和革兰阴性菌均产生抑菌活性，但对猪霍乱沙门菌未产生抗菌作用。重组鸭 AvBD9 对温度和酸碱度有很高的稳定性。因此，重组鸭 AvBD9 具有耐受饲料加工过程的高温处理，适应畜禽消化道内环境 pH。

三、鸭源抗菌肽 AvBD10

1. 鸭 AvBD10 的遗传进化分析

廖文艳等(2009)设计了 1 对引物进行 PCR 扩增，结果从鸭肝中克隆到 *AvBD* 基因，该基因表达产物与已发现的其他物种的 AvBD 一样，分子内含有 6 个半胱氨酸残基，分别在分子内形成 3 对二硫键(图 7-3)。将该基因推导的氨基酸序列与其他物种的 AvBD 氨基酸序列进行同源性比较发现，该基因与鸡 AvBD10 同源性最高，达 85.5%。从分子遗传进化树可以发现，这种高同源性在不同禽类的 AvBD 中普遍存在。

```
chicken AvBD10    MKILCLLFAVLLFLFQAAPGSADPLFPDTVACRTQGNF
duck    AvBD10    ----------VLLFLFQAAPGSADAPFADTAACRSQGNF

chicken AvBD10    CRAGACPPTFTISGQCHGGLLNCCAKIPAQ
duck    AvBD10    CRAGACPPTFAASGSCHGGLLNCCAK----
```

图 7-3 鸭 *AvBD10* 基因推导的氨基酸序列与对应的鸡 AvBD10 氨基酸序列的比较

6 个保守的半胱氨酸用下划线标示，2 个多肽之间差异的氨基酸用斜体标示

2. 鸭 AvBD10 在组织中的表达

与其他 *AvBD* 基因在禽体内组织中的广泛分布不同，鸭 *AvBD10* 仅在不同日龄鸭肝与肾组织中大量表达。关于鸡 *AvBD10* 基因的组织分布，Lynn 等(2004)研究表明，鸡 *AvBD10* 基因在肝、肾、法氏囊和睾丸中大量表达。鸭 *AvBD10* 基因

在组织中表达与鸡的不完全一致，推测可能是由于鸡、鸭的种属差异导致基因表达分布的差异，也可能是受其他因素的影响，如应激等。

3. 重组鸭 AvBD10 的抗菌作用

廖文艳等(2009)选用 pGEX 载体在原核中表达了重组鸭 AvBD10 蛋白，结果表明，重组鸭 AvBD10 蛋白不仅具有抗巴氏杆菌、金黄色葡萄球菌和枯草芽胞杆菌等活性，而且在-70~100℃处理 30min，或在 pH3~12 条件下处理 30min 仍有抗菌活性。这与有关鸡重组 AvBD 蛋白生物学作用的研究一致。

四、其他鸭源抗菌肽

张可心(2012)利用 RT-PCR 方法分别从鸭肺和骨髓组织中扩增到 5 个新的 β-防御素基因，与已发现的禽类 β-防御素(AvBD)和部分哺乳类动物 β-防御素的氨基酸序列构建进化树并进行同源性分析。结果这 5 个基因分别是鸭 *AvBD1*、鸭 *AvBD3*、鸭 *AvBD5*、鸭 *AvBD6* 和鸭 *AvBD16*。鸭 *AvBD1* cDNA 大小为 198bp，编码 65 个氨基酸，与鸵鸟 AvBD1 氨基酸同源性最高，达 78%；鸭 *AvBD3* cDNA 大小为 182bp，编码 60 个氨基酸残基，与鸡 AvBD3 氨基酸同源性高达 100%；鸭 *AvBD5* cDNA 大小为 201bp，编码 66 个氨基酸残基，与鸡 AvBD5 氨基酸同源性达 97%；鸭 *AvBD6* cDNA 大小为 204bp，编码 67 个氨基酸残基，与鸡 AvBD6 氨基酸同源性高达 100%；鸭 *AvBD16* cDNA 大小为 155bp，编码 50 个氨基酸，与鸡 AvBD3 同源性最高，达 62%。同时构建的这 5 个鸭 *AvBD* 基因的原核表达载体，在大肠杆菌中进行表达，纯化的表达产物均对枯草芽胞杆菌、奇异变形杆菌和多杀性巴氏杆菌有很强的抗菌活性，对猪霍乱沙门菌和兔波氏杆菌的抗菌活性较弱；鸭 AvBD1、AvBD3、AvBD6 对绿脓杆菌的抗菌活性较强，而 AVBD5 和 AvBD16 的抗菌活性相对较弱；鸭 AVBD3 和 AvBD6 对四联球菌(*Micrococcus tetragenus*)的抗菌活性较强，AvBD1、AvBD5 和 AvBD16 则相对较弱。另外，重组表达的鸭 AvBD1、AvBD3、AvBD5、AvBD6 和 AvBD16 蛋白具有抗鸭肝炎病毒的作用。

第四节　鹅源抗菌肽

一、鹅 AvBD1

张名岳等(2012)利用 RT-PCR 技术从鹅骨髓细胞中扩增到鹅 *AvBD1* 基因，cDNA 为 198bp，编码 65 个氨基酸，分子内含有 6 个半胱氨酸残基，分别在分子内形成 3 对二硫键，只在骨髓组织分布，鹅感染肠炎沙门菌后，鹅 *AvBD1* 的 mRNA 表达量增加。鹅 AvBD1 的氨基酸序列与鸵鸟 AvBD1 相似性为 77.1%。鹅 AvBD1 重组蛋白对枯草芽胞杆菌、奇异变形杆菌、金黄色葡萄球菌、多杀性巴氏杆菌和绿脓杆菌的抗菌活性最强，对大肠杆菌、沙门菌、四联球菌、兔波氏杆菌、嗜酸乳杆菌的抗菌活性较强，对鸡白痢菌、猪霍乱沙门菌的抗菌活性一般。鹅 AvBD1 重组蛋白对鹅血红细胞有极低的溶血活性。

二、鹅 AvBD3

张名岳等(2011)设计了特异性引物，通过 PCR 技术从鹅脾和法氏囊组织中克隆到 *AvBD* 基因，该基因表达产物与已发现的其他物种的 AvBD 一样，分子内含有的 6 个半胱氨酸残基分别形成 3 对二硫键，这些结构符合 β-防御素的特征性结构。经同源性分析得知该基因表达产物氨基酸序列与鸡 AvBD3 同源性最高，为 100%。因此，将其命名为鹅 AvBD3；同时将该基因构建原核表达载体，并在大肠杆菌中进行了表达，测定重组鹅 AvBD3 蛋白的抗菌活性，结果显示，鹅 AvBD3 重组蛋白对枯草芽胞杆菌、奇异变形杆菌、金黄色葡萄球菌、多杀性巴氏杆菌和绿脓杆菌的抗菌活性最强，对大肠杆菌、鸡白痢菌沙门菌、猪霍乱沙门菌、嗜酸乳杆菌的抗菌活性较强，对四联球菌、兔波氏杆菌的抗菌活性一般，而且鹅 AvBD3 重组蛋白在不同酸碱度条件处理后仍具有明显的抗菌活性，这表明鹅 AvBD3 重组蛋白不仅具有广谱抗菌活性，同时对酸碱度的变化也有很强的稳定性。鹅 AvBD3 重组蛋白对鹅红细胞无溶血活性，以及能够耐受酸碱度变化的特性。

三、鹅 AvBD5

周财源等(2011)利用 RT-PCR 技术从鹅骨髓细胞中扩增到鹅 *AvBD5* 基因，cDNA 为 201bp，编码 66 个氨基酸，氨基酸序列与鸡 AvBD5 的同源性最高，为 84.8%；同时构建了鹅 *AvBD5* 基因的原核表达载体，并在大肠杆菌中进行了表达，重组表达的鹅 AvBD5 对多杀性巴氏杆菌、乳酸菌、绿脓杆菌、枯草芽胞杆菌、四联球菌、鸡白痢沙门菌等均具有较强抗菌作用，随着温度的增加重组蛋白的抗菌活性减弱，在 pH7 的条件下抗菌活性较强，随着 pH 的升高，重组蛋白抗菌活性有减弱趋势。

四、鹅 AvBD10

鹅 AvBD10 具有 N 端的信号肽序列和包含有阳离子氨基酸及疏水的氨基酸 C 端的成熟肽序列。与其他禽类 β-防御素和哺乳动物 β-防御素的特征性结构一样，鹅 AvBD10 含 8 个共有的氨基酸残基，包括 6 个半胱氨酸残基形成的分子内 1-5、2-4、3-6 共 3 对二硫键和“GXC”基序。

将鹅 *AvBD10* 基因与其他的禽类 β-防御素基因、哺乳动物 β-防御素基因进行同源性分析比较并构建进化树发现，该基因表达产物与鸭 AvBD10、鸡 AvBD10、鹌鹑 AvBD10 的氨基酸序列同源性较高；其中，与鸭 AvBD10 最高，达 92.7%。

相比之下，与哺乳动物β-防御素之间却存在较大的差异。

与鸡β-防御素一样，鹅AvBD10在鹅的各个组织器官中都有广泛表达。在食道、肌胃、气管、心脏、脾、法氏囊、胰腺组织器官中的表达量较高；相比之下，在喉、直肠、大肠中的表达量相对较低。

重组鹅AvBD10蛋白对多种细菌均有较好的抑制作用，且随着蛋白质浓度的增加，其抗菌活性逐渐增强。鹅AvBD10重组蛋白不具有溶血作用。

第五节　鸵鸟源抗菌肽

一、鸵鸟白细胞抗菌肽

Yu等(2001)从鸵鸟白细胞中分离出抗菌肽ostricacin-1(Osp-1)。该抗菌肽由36个氨基酸残基组成，含有3个分子内二硫键，属于β-防御素家族的成员。后来，Sugiarto和Yu(2006)又从鸵鸟白细胞中分离出了3种β-防御素，即Osp-2、Osp-3和Osp-4，由36~42个氨基酸残基组成，分子质量为4.70~4.98kU。Osp-1~Osp-4含有4种主要的氨基酸残基：精氨酸、赖氨酸、甘氨酸和半胱氨酸，它们的存在使抗菌肽分子带正电荷。

体外抑菌试验表明，Osp-1、Osp-3和Osp-4有抑制大肠杆菌和金黄色葡萄球菌的作用，而Osp-2除有抑制细菌的作用外，还有抑制白色念珠菌的作用。OsP-2、Osp-3和Osp-4的最小抑菌浓度为0.96~12.03μg/ml。

鸵鸟白细胞抗菌肽在80~130℃条件下经过30min后仍保持良好的抗菌活性。这表明，鸵鸟白细胞抗菌肽具有较好的热稳定性。

二、鸵鸟皮肤抗菌肽

鸵鸟皮肤抗菌肽对革兰阳性菌和革兰阴性菌均有不同程度的抑制或杀灭作用，但对不同的微生物，其敏感性不同。在皮肤中，抗菌肽的含量比较少。鸵鸟皮肤抗菌肽结构比较特殊，低温和长时间保存易失去抗菌活性和趋化活性。

三、鸵鸟源抗菌肽的应用

杨玉荣等(2009)在雏鸡饮水中添加鸵鸟皮肤抗菌肽提取物，结果发现抗菌肽能够提高10~17日龄雏鸡体重，提高4~7日龄雏鸡的免疫器官指数及7日龄免疫器官的T淋巴细胞数量($P<0.05$)。樊博(2008)研究后发现，鸵鸟中性粒细胞抗菌肽可以使鸡胚尿囊液中新城疫病毒(NDV)血凝效价降低，抑制NDV和鸡传染性支气管炎病毒(IBV)所引起的鸡胚病变。

第六节　鹌鹑源抗菌肽

一、鹌鹑 β-防御素

1. 鹌鹑 AvBD9

Wang 等（2010）在鹌鹑的肺和骨髓中鉴定到鹌鹑 *AvBD9* 基因，其 cDNA 为 204bp，编码 67 个氨基酸；在幼小鹌鹑中，除了气管、肝和肾之外，其余组织均有鹌鹑 *AvBD9* mRNA 的表达，在肺和心脏中呈高水平表达；在成年鹌鹑中，鹌鹑 *AvBD9* mRNA 在除肝、肾、脾、胸腺和哈德腺外的其他组织中均有表达；构建原核表达载体后在大肠杆菌进行了表达，表达产物和人工合成肽对四联球菌、乳酸菌、金黄色葡萄球菌、蜡样芽胞杆菌、支气管败血波氏菌、奇异变形杆菌、铜绿假单胞菌、大肠杆菌、鸡白痢沙门菌、猪霍乱沙门菌和多杀性巴氏杆菌均有较强的杀菌活性。

2. 鹌鹑 AvBD10

鹌鹑 *AvBD10* cDNA 为 207bp，其成熟肽由 46 个氨基酸组成，富含阳离子氨基酸和疏水性氨基酸，其中含有 AvBD 的特征性氨基酸结构，即 6 个位置保守的半胱氨酸残基。经同源性分析，该基因与鸡 AvBD10 和鸭 AvBD10 的氨基酸序列同源性最高，分别为 83.8%、80.0%，将该基因命名为鹌鹑 *AvBD10*（HM452158）。

蔺丽娟等（2011）分别以鹌鹑的 21 个脏器组织的 cDNA 为模板，采用 real-time PCR 进行检测，结果发现，AvBD10 在鹌鹑脏器组织中广泛表达，除舌、嗉囊、胸肌、胸腺未检测到外，其他 17 个脏器组织中均有不同水平的表达。在骨髓和小肠的相对表达水平明显高于其他组织（$P<0.01$ 或 $P<0.05$），在皮肤、气管和直肠表达量最低。

鹌鹑 AvBD10 对四联球菌、绿脓杆菌、金黄色葡萄球菌、奇异变形杆菌和兔波氏杆菌具有很强的抑菌活性，对鸡白痢沙门菌和嗜酸乳杆菌具有中度的抑菌活性，对多杀性巴氏杆菌、大肠杆菌和猪霍乱沙门氏菌的抑菌活性较弱。

二、鹌鹑 cathelicidin 抗菌肽

冯菲菲（2012）用半巢式 PCR 的方法从鹌鹑脾 cDNA 文库中克隆得到 3 种 cathelicidin 家族抗微生物肽，分别为 Cc-CATH1、Cc-CATH2 和 Cc-CATH3，其 cDNA 序列分别为 545bp、530bp 和 555bp。Cc-CATH1 的成熟肽序列（26 个氨基酸残基）为 RVKRVLPLVI RTVIAGYNLY RAIKRK，Cc-CATH2 的成熟肽序列（32 个氨基酸残基）为 LVQRGRFGRF LKKVRRFIPK VIIAAQIGSR FG，Cc-CATH3 的成熟肽序列（29 个氨基酸残基）为 RVRRFWPLVP VAINTVAAGI NLYKAIRRK。进化分析表

明，鹌鹑 cathelicidin 与已发现的环颈雉 cathelicidin 和原鸡 cathelicidin 有很高的同源性，说明它们在进化过程中有很近的亲缘关系。Cc-CATH2 和 Cc-CATH3 对金黄色葡萄球菌和大肠杆菌具有较好的抗菌活性。

第七节　鸽源抗菌肽

辛胜男(2013)应用 RT-PCR 方法从鸽骨髓和肝中分离到鸽 β-防御素 *AvBD5* 基因，其 cDNA 为 201bp，编码 66 个氨基酸；氨基酸序列与鸭 AvBD5 的同源性最高，分别为 87.9%(骨髓)和 78.8%(肝)，两组氨基酸序列之间的同源性为 83.3%，分别命名为鸽 AvBD5α(骨髓)和鸽 AvBD5β(肝)；大肠杆菌表达产物对金黄色葡萄球菌、多杀性巴氏杆菌、奇异变型杆菌、绿脓杆菌的抗菌活性较强，对鸡白痢沙门菌的抗菌活性较弱；有极低的溶血活性。

第八节　企鹅源抗菌肽

在企鹅蛋孵化期间，雄企鹅胃中的食物能保存好几个星期。Thouzeau 等(2003)分离鉴定到企鹅 β-防御素 AvBD103(Spheniscin，Sphe 1、Sphe 2)，企鹅 AvBD103 由 38 个氨基酸残基组成。其中，企鹅 AvBD103b 具有广谱抗菌活性，其抗菌谱包括革兰阳性菌(如藤黄微球菌、枯草芽胞杆菌、蜡样芽胞杆菌、巨大芽胞杆菌、金黄色葡萄球菌、腐生葡萄球菌、溶血葡萄球菌、星形诺卡菌)、革兰阴性菌(如大肠杆菌 1106、麦氏弧菌)和真菌(如白色念珠菌、烟曲霉菌)等。

参考文献

樊博. 2008. 鸵鸟血液中性粒细胞中抗菌肽的分离纯化及其抗菌抗病毒作用的研究. 郑州: 河南农业大学硕士学位论文.

冯菲菲. 2009. 雉科鹌鹑(*Coturnix coturnix*)免疫功能基因 Cathelicidin 的克隆、原核表达及功能分析. 石家庄: 河北师范大学硕士学位论文.

冯培祥, 朱梅胜, 杨莉, 等. 2014. 鸡 β-防御素 *Gal-9* cDNA 的克隆、表达及其抑菌活性的研究. 畜牧兽医学报, 45(6): 997-1003.

韩宗玺, 廖文艳, 王瑞琴, 等. 2009. 重组鸡 β-防御素 6 基因的表达和生物学特性的研究. 中国预防兽医学报, 31(6): 476-480.

韩宗玺, 马得莹, 刘胜旺, 等. 2008. 重组鸡抗菌肽 Gallinacin-9 的原核表达及其抗菌活性的鉴定. 畜牧兽医学报, 39(10): 1426-1431.

廖文艳, 马得莹, 韩宗玺, 等. 2008. 重组鸡 β-防御素 10 蛋白的原核表达及其抗菌活性的测定. 中国预防兽医学报, 30(10):765-769.

廖文艳, 马得莹, 王瑞琴, 等. 2009. 鸭 β-防御素 10 基因的克隆、遗传进化分析及其生物学特性的初步研究. 畜牧兽医学报, 40(9): 1320-1326.

蔺丽娟, 王瑞琴, 韩宗玺, 等. 2011. 鹌鹑 β-防御素 10 基因的克隆与表达及其体内分布的检测. 中国预防兽医学报, 33(7): 552-556.

马得莹, 刘胜旺, 李一经, 等. 2008. 鸡 β-防御素基因的克隆、序列分析及其在组织中的分布. 畜牧兽医学报, 39(8): 1033-1039.

马卫明, 余锐萍, 靳红, 等. 2005. 猪小肠抗菌肽的抗菌作用研究. 中国兽医杂志, 41(1): 3-7.

王瑞琴, 廖文艳, 马得莹, 等. 2009. 鸭 β-防御素 2 基因的克隆、表达和表达产物的生物学特性分析. 中国农业科学, 42(10): 3685-3692.

辛胜男. 2013. 2 个新的鸽 β-防御素 5 的克隆与生物学特性的初步研究. 哈尔滨: 东北农业大学硕士学位论文.

杨玉荣, 梁宏德, 卫红丽. 2009. 鸵鸟皮肤抗菌肽对雏鸡免疫器官指数及 T 淋巴细胞数量的影响初探. 中国农学通报, 25(20): 46-48.

张辉华, 毕英佐, 曹永长, 等. 2006. 鸡-防御素-3 的克隆与诱导表达. 中国预防兽医学报, 28(4): 401-404, 435.

张辉华, 罗艳娜, 谢青梅, 等. 2011. 鸭 β-防御素-2 基因的克隆测序与组织表达分析. 中国兽医杂志, 47(10): 19-22.

张可心. 2012. 五个新的鸭 β-防御素的分离、鉴定及其抗病毒机制的初探. 哈尔滨: 东北农业大学硕士学位论文.

张名岳, 张可心, 辛胜男, 等. 2012. TLR-4 介导的鹅 β-防御素 1 抗肠炎沙门感染的信号传导机制初探. 畜牧兽医学报, 43(12): 1938-1948.

张名岳, 周财源, 韩宗玺, 等. 2011. 鹅 β-防御素 3 基因的分离、鉴定及其表达产物的生物学特性. 生物工程学报, 27(12): 1711-1721.

周财源, 蔺利娟, 韩宗玺, 等. 2011. 鹅 β-防御素基因克隆与生物学特性的初步分析. 畜牧兽医学报, 42(8): 1193-1200.

Brockus C W, Jackwood M W, Harmon B G. 1998. Characterization of β-defensin prepropeptide mRNA from chicken and turkey bone marrow. Animal Genetics, 29(4): 283-289

Brune K, Lefell M S, Spitznagel J K. 1972. Microbicidal activity of peroxidaseless chicken heterophile leukocyte. Infection And Immunity, 5(3): 283-287.

Dathe M, Wieprecht T. 1999. Structural features of helical antimicrobial peptides: their potential to modulate activity on model membranes and biological cells. Biochimica et Biophysica Acta, 1462(1-2): 71-87.

Evans E W, Beach G G, Moore K M, *et al.* 1995. Antimicrobial activity of chicken and turkey heterophil peptides CHP1, CHP2, THP1, and THP3. Vet Microbiol, 47(3-4): 295-303.

Evans E W, Beach G G, Wunderlich J, *et al.* 1994. Isolation of antimi-crobial peptides from avian heterophils. J Leukoc Biol, 56(5): 661-665.

Ganz T. 2005. Defensins and other antimicrobial peptides:a historical perspective and an update. Combinatorial Chemistry and High Throughput Screen, 8(3): 209-217.

Goit S R, Chen C L, Benyon L. 2007. Chicken cathelicidin B1, an antimicrobial guardian at the mucosal M cell gateway. PNAS USA, 104(38): 15063-15068.

Higgs R, Lynn D J, Gaines S, *et al.* 2005. The synthetic form of a novel chicken β-defensin identified in silico is predominantly active against intestinal pathogens. Immunogenetics, 57(1-2): 90-98.

Houzeau C, Maho Y L, Froget G, *et al.* 2003. Avain β-defensins in preserved stomach contents of the king penguin, Aptenodytes patagonicus. J Biol Chem, 278(51): 51053-51058.

Lehrer R I, Ganz T. 2002. Defensins of vertebrate animals. Curr Opin Immunol, 14(1): 96-102.

Lynn D J, Higgs R, Gaines S, *et al.* 2004. Bioinformatic discovery and initial characterization of nine novel antimicrobial peptides genes in the chicken. Immunogenetics, 56(2): 170-177.

Lynn D J, Higgs R, Lloyd A T, *et al.* 2007. Avian beta-defensin nomenclature: A community proposed update. Immunology Letters, 110(1): 86-89.

Ma D Y, Liu S W, Han Z X, *et al.* 2008. Expression and characterization of recombinant gallinacin-9 and gallinacin-8 in Escherichia coli. Protein Expression Purification, 58(2): 284-291.

Milona P, Townes C L, Bevan R M, *et al.* 2007. The chicken host peptides gallinacins 4, 7 and 9 have antimicrobial activity against salmonella serovars. Biochemical and Biophysical Research Communications, 356(1): 169-174.

Sandilands V, Savory J, Powell K. 2004. Preen gland function in layer fowls:factors affecting morphology and feather lipid levels. Comp Biochem Physiol A Mol Integr Physiol, 137(1): 217-225.

Soman S S, Arathy D S, Sreekumar E. 2009. Discovery of Anas platyrhynchos avian beta-defensin 2 (Apl_AvBD2) with antibacterial and chemotactic functions. Mol Immunol, 46(10): 2029-2038.

Sugiarto H, Yu P L. 2006. Identification of three novel ostricacins: an update on the phylogenetic perspective of β-defensins. Int J Antimicrob Agents, 27(21): 229-235.

Sugiarto H, Yu P L. 2007. Mechanisms of action of ostrich β-defensins against *Escherichia coli*. FEMS Microbiol Lett, 270(2): 195–200.

Thouzeau C, Le Maho Y, Froget G. 2003. Sphenicins, avain β-defensins in preserved stomach contents of the king penguin, *Aptenodytes patagonicus*. J Biol Chem, 278(51): 51053-51058.

van Dijk A, Veldhuizen E J, van Asten A J, *et al*. 2005. CMAP27, a novel chicken cathelicidin-like antimicrobial protein. Veterinary Immunology and Immunopathology, 106(3-4): 321-327.

van Dijk A, Veldhuizen E, Kalkhove S, *et al*. 2007. The β-defensin gallinacin-6 is expressed in the chicken digestive tract and has antimicrobial activity against food-borne pathogens. Antimicrobial Agents and Chemotherapy, 51(3): 912-922.

Wang R, Ma D, Lin L, *et al*. 2010. Identification and characterization of an avian β-defensin orthologue, avian β-defensin 9, from quails . Appl Microbiol Biotechnol, 87(4): 1395-1405.

Xiao Y J, Cai Y B, Bommineni Y R, *et al*. 2006. Identification and functional characterization of three chicken cathelicidins with potent antimicrobial activity. J Biol Chem, 281(5): 2858-2867.

Xiao Y J, Hughes A L, Ando J, *et al*. 2004. A genome-wide screen identifies a single beta-defensin gene cluster in the chicken: implications for the origin and evolution of mammalian defensins.BMC Genomics, 5(1): 56-67.

Yu P L, Choudhury S D, Ahrens K. 2001. Purification and characterization of the antimicrobial peptide, ostricacin. Biotechnology Letters, 23(3): 207-210.

Zhao C, Nguyen T, Liu L, *et al*. 2001. Gallinacin-3, an inducible epithelial beta-defensin in the chicken. Infection and Immunity, 69(4): 2684-2691.

第八章　蚕源抗菌肽

昆虫具有高效的体液免疫系统，是研究抗菌肽的首选生物。它们受细菌感染后，能快速产生特异性抗菌物质，其中包括有抗菌多肽(antibacterial peptide)，如天蚕素(cecropin)和蜂毒肽(melittin)。本章节主要介绍蚕源抗菌肽。

第一节　蚕源抗菌肽的分类

蚕源抗菌肽是存在于蚕及蚕蛹血淋巴内的具有抗菌活性的多肽物质，在蚕的天然免疫中起到至关重要的作用。自 1972 年第一个蚕源抗菌肽被发现以来，科学家相继发现许多种蚕源抗菌肽。蚕源抗菌肽对细菌、病毒和寄生虫都具有很好的杀伤性，并且能杀伤肿瘤细胞，对正常细胞却没有毒性作用。对蚕源抗菌肽的研究主要集中在天蚕素抗菌肽和家蚕源抗菌肽。

一、天蚕素抗菌肽

瑞典科学家 Boman 等(1972)首次用大肠杆菌诱导惜古比天蚕(*Hyalophora cecropia*)，从其血淋巴中分离得到天蚕素抗菌肽。Boman 等(1985)进一步测定了天蚕素抗菌肽 A 和 B 的一级结构。之后，天蚕素抗菌肽相继被分离、纯化，并且其氨基酸的结构特征和基因序列得到确定。到目前为止，天蚕素抗菌肽共有 A、B、C、D、E 五种结构，另外还发现多种类似物。汪延生等(2013)从中国柞蚕体内分离到一种新型抗菌肽 moricin，其与家蚕源抗菌肽 moricin-1 和 moricin-2 氨基酸序列的相似性非常高。天蚕素抗菌肽是目前研究较为清楚、效果较为明显的抗菌肽。

1. 天蚕素抗菌肽的结构

天蚕素抗菌肽的一级结构由 31~39 个氨基酸残基组成(表 8-1)，分子质量大约为 4kU，一般不含半胱氨酸(Cys)，此类抗菌肽不能形成分子内二硫键，并且含有强碱性的 N 端和强疏水性的 C 端，C 端酰胺化。在肽链的许多特定位置有较保守的残基，如 2 位上的色氨酸(Trp)，5 位、8 位和 9 位有 1 或 2 个赖氨酸(Lys)，11 位是天冬氨酸(Asp)，12 位是精氨酸(Arg)。有些位置尽管残基不同，但仍为保守替换。

表 8-1　部分天蚕素抗菌肽成熟肽的氨基酸序列

天蚕素	氨基酸序列
A	KWKLFKKIEK VGQNIRDGII KAGPAIAVVG QATQIAKG
B	KWKVFKKIEK MGRNIRNGIV KAGPAIAVLG EAKALG
D	WNPFKEIEKV GQRVRDAVIS AGPAVATVAQ ATALAKGK

Boman 等(1991)对天蚕素抗菌肽二级结构的 CD 谱和二维核磁共振的研究表明，其分子结构含有 2 个 α 螺旋：5~21 位为第 1 个螺旋，该螺旋为双亲性 α 螺旋；25~37 位为第 2 个 α 螺旋，其疏水氨基酸含量高，故该 α 螺旋疏水性强。2 个 α 螺旋间由 22~24 位的丙氨酸-甘氨酸-脯氨酸(Ala-Gly-Pro)组成的铰链区(也称结节部)连接。天蚕素抗菌肽的螺旋-卷曲-螺旋结构特点对保持高抗菌活性具有特殊的重要性，而酰胺化的 C 端则对其广谱作用极为重要。

2. 天蚕素抗菌肽的生物活性

抗菌作用　天蚕素抗菌肽对革兰阴性及阳性细菌均有较强的抗菌作用。天蚕素抗菌肽对大肠杆菌、沙门菌、金黄色葡萄球菌均有很强的抑制作用，但其对于链球菌(*Streptococcus*)没有抑制作用。范涛等(2009)对家蚕进行饥饿、电击和注射大肠杆菌(*E. coli*)等诱导处理后，采用乙酸浸提法提取家蚕源抗菌肽，结果 3 种诱导源诱导家蚕产生的抗菌肽对大肠杆菌、金黄色葡萄球菌(*Staphylococcus aureus*)和四联球菌(*Micrococcus tetragenus*)等均有抑菌活性。

抗病毒作用　天蚕素抗菌肽对 DNA、RNA 病毒有很强的抑制作用。天蚕素抗菌肽能抑制艾滋病病毒(HIV-l)的基因表达，从而减少 HIV-1 的增殖。Chia 等(2010)用鱼细胞做模型，表明抗菌肽可以黏附在神经坏死病毒上，使病毒溶解。

抗肿瘤作用　郭玉梅等(1995)报道，天蚕素抗菌肽对肿瘤有明显的抑制作用，抑瘤率高达 50.88%。许玉澄等(1998)报道，家蚕源抗菌肽对小鼠 S180 肉瘤细胞和子宫瘤细胞有明显的抑制作用，抑瘤率达 30%~50%，但对外周血白细胞数量没有影响。邵喜明和赵晓军(2009)已合成杂合肽 P18，发现 P18 对 K562、Jurkat 等多种肿瘤细胞株有抑制效果，同时不会诱导溶血。Ceron 等(2010)发现天蚕素抗菌肽 A 可以诱导人早幼粒白血病细胞的死亡。孙彬斌和赵晓军(2010)研究表明，天蚕素 A2-爪蟾素 2 的杂合肽 P18 能够引起人类乳腺癌细胞株 MDA2MB2435 的细胞膜通透性改变而导致细胞坏死。Suttmann(2008)报道抗菌肽家族对膀胱癌细胞有很强的抑制作用。

二、家蚕源抗菌肽

1. 家蚕源抗菌肽的分类

Cheng 等(2006)利用家蚕基因数据库本地 Blast 鉴定了 35 个与其他昆虫抗菌

肽相似的氨基酸序列，包括天蚕素、enbocin、attacin、moricin、gloverin 和 leboein 等家族成员。Wen 等（2009）进行了家蚕 defensin-like 1（*BmdefA*）基因的序列结构和表达方式的研究，鉴定出一个 *BmdefA* 基因。Kaneko 等（2008）从家蚕脂肪体中克隆得到了脂肪体组织特异性表达的 defensin-like2（*BmdefB*）基因。

moricin 家族　家蚕源抗菌肽 moricin 是由 Hara 和 Yamakawa（1995）首先发现的，是他们在研究家蚕血淋巴抗金黄色葡萄球菌的抗菌活性时分离得到的一种新型抗菌肽。此类抗菌肽可分为两类，分别命名为 moricin-1 和 moricin-2，它们的区别在于信号肽的第 6 位氨基酸残基不同，moricin-1 是 Phe，moricin-2 是 Lys，相似度高达 97.2%，成熟肽是完全相同的。用大肠杆菌注射家蚕幼虫，在脂肪体、马氏管组织中能观察到 *moricin* 基因表达，而在丝腺、中肠没有检测到表达。Cheng 等（2006）通过对家蚕数据库分析，发现家蚕源抗菌肽 moricin 家族有 12 个成员，并将其分为家族 A 和 B。家蚕 moricin 前体包含 65 或 66 个氨基酸残基，前 22 或 23 个氨基酸残基是预测的信号肽，成熟肽有 42 个氨基酸残基，具有强碱性，带正电荷，等电点比天蚕素高，分子的 N 端每隔 3~4 个氨基酸残基就有 1 个带正电荷的氨基酸残基（图 8-1a），C 端富含碱性氨基酸残基。抗菌肽 moricin 对革兰阳性菌和革兰阴性菌都有较强的抗菌活性。用细菌脂多糖（LPS）能诱导家蚕 moricin 的产生，说明 moricin 的靶标是细菌的膜部分。进一步研究表明，moricin 是通过增加膜的通透性而达到杀菌目的的。目前在其他昆虫中也发现了与家蚕 moricin 相似性很高的类似抗菌肽。抗菌肽 moricin 在不同种昆虫中高度保守，推测其在进化中具有重要地位。

```
a moricin        AKIPIKAIKTVGKAVGKGLRAINIASTANDVFNFLKPKKRKH

b enbocin1    1  KPWXFFKEIERAVARTRDAVISAGPAVATVGAAAAVASG
  enbocin2    1  KPWXFFKEIERAVARTRDAVISAGPAVATVAAASAVASG

c defensinA   1  MAHQRKSLVIFIFLTVLVFVFALPRDATVFDNQHSEVAIEKSTSK I DSSDVK I PGRIWCE
  defensinB   1  MKG - - - - -VYLIFTLILVYVAST - - - WASLDAADEVRVMNVESQRLFRSRRALP- - - - CA
  defensinA  61  FEEATETAICQEHCLPKGYSYG I CVSN - TCSC I - - - - - -
  defensinB  49  KKS- - - - - - CDSWCRRLDYPGGECVTKWKCSCNWMQIDK

d lebocin        DLRFLYPRGKLPVPTLPPFNPKPIYIDMGNRY
                               |______GalNAcα
```

图 8-1　部分家蚕源抗菌肽氨基酸序列

GalNAcα. 乙酰半乳糖胺

天蚕素家族　天蚕素由约 40 个氨基酸残基组成，分子质量约为 4kU，并且具有热稳定性。目前已发现了家蚕天蚕素 A、天蚕素 B、天蚕素 D、天蚕素 E，它们包含有 2 个 α 螺旋结构，N 端富含亲水氨基酸残基，C 端富含疏水氨基酸残基，主要是抗革兰阴性菌，在细菌膜上形成离子通道引起菌体内容物外流，最终导致细菌死亡。

lebocin 家族　lebocin 家族富含脯氨酸，由 32 个氨基酸残基组成，第 15（15-Thr）

位是一个糖基化位点[图 8-1(d)]，有利于提高抗菌肽活性。lebocin 的结构和抗菌特征与蜜蜂的抗菌肽 abaecin 相同。目前有 3 个 lebocin(lebocin 1、lebocin 2、lebocin 3)得到分离。lebocin 1 和 lebocin 2 氨基酸序列高度相似，lebocin 4 已被克隆，它与其他 3 个 lebocin 高度相似。lebocin 在生理条件下抗菌活性很低，但是当有天蚕素 D 或糖存在时能大大增加其抗菌活性。在家蚕中，Cheng 等(2006)鉴定到 1 个 lebocin，推测其他成员可能定位在家蚕基因组序列的 gaps 上。

gloverin 家族 gloverin 家族富含甘氨酸，且甘氨酸位置高度保守，不含有半胱氨酸，热稳定性好，能与脂多糖(LPS)相互作用，并特异地抑制菌体细胞壁形成，引起膜通透性增加，最终导致菌体缓慢生长甚至死亡。

attacin 家族 抗菌肽 attacin 富含甘氨酸，分子质量约为 20kU，无半胱氨酸。昆虫 attacin 按其等电点的不同可以划分为两大类：碱性攻击素和酸性攻击素。经过大量研究表明，attacin 与天蚕素(cecropin)、防御素(defensin)及溶菌酶(lysozyme)共同构成了昆虫非特异性先天免疫系统的主体。Cheng 等(2006)鉴定了 2 个家蚕 attacin 的基因，它们位于同一个 scaffold 上，与果蝇 attacin 的基因相似。attacin 主要是对革兰阴性菌起作用，通过抑制菌体外膜蛋白的合成而达到杀菌的目的。

防御素家族 防御素家族抗菌肽分子质量约 4kU，由 34-43 个氨基酸残基组成，富含半胱氨酸，主要对革兰阳性菌起作用。Wen 等(2009)通过家蚕基因组数据库和表达序列标签分析获得了一个 defensin-like(*BmdefA*)基因，该基因的可读框编码了一个含有 22 个氨基酸残基的信号肽，一个 34 个氨基酸残基的前导肽和一个 36 个氨基酸残基的成熟肽，其成熟肽分子质量约为 4.0kU；成熟肽包含了昆虫防御素共有的 6 个半胱氨酸基序，其理论等电点为 4.12，因此推测其是一个新型阴离子抗菌肽。Kaneko 等(2008)从家蚕脂肪体 cDNA 文库中克隆获得了 defensin-like2(*BmdefB*)基因，该基因编码的抗菌肽能在蚕体受到大肠杆菌、枯草芽孢杆菌及真菌的诱导时大量的表达。虽然 BmdefB 同样具有由 6 个保守的半胱氨酸残基构成的基序，但是它与 BmdefA 的氨基酸序列相似性只有 27%[图 8-1(c)]，且它是一种阳离子抗菌肽，推测它们可能来自不同的祖先。

enbocin 家族 enbocin 抗菌肽的氨基酸序列与天蚕素家族类似，但是却表现出不同的抑菌活性，天蚕素对革兰阴性菌有较强的抑菌活性，而 enbocin 对革兰阳性菌有较强的抑制作用。Cheng 等(2006)测定了 2 个家蚕 *enbocin* 基因，成熟肽氨基酸序列相似性极高(图 8-lb)，基因染色体定位表明它们成簇的排列在同一条染色体上。

2. 家蚕源抗菌肽的生物学活性

抗癌作用 赵东红等(2000)在扫描电镜下观察到重组家蚕源抗菌肽 CM4 对离体 U937、Hela 癌细胞骨架及核骨架的损伤作用，结果发现，随着时间的延长，癌细胞骨架散乱、断裂、萎缩成团状，核骨架断裂、部分凝聚成团、结构不完整，但正常人白细胞骨架及核骨架未见损伤现象。

抗菌作用　新疆家蚕源抗菌肽天蚕素-XJ 对大肠杆菌、金黄色葡萄球菌、巨大芽胞杆菌、谷氨酸棒杆菌、苏云金芽胞杆菌、普通变形菌、化脓放线菌、鸡沙门菌、牛布氏杆菌等有不同程度的杀灭抑制作用(刘忠渊等，2003)，对引致奶牛乳房炎的金黄色葡萄球菌、表皮葡萄球菌、牛链球菌和牛粪肠球菌有较好的抑菌作用(马晓艳等，2008)。

第二节　蚕源抗菌肽的基因工程简介

通过基因工程方法表达蚕源抗菌肽已经有不少成功的例子。迄今为止，人们已经利用微生物成功表达了多种蚕源抗菌肽。利用微生物表达的蚕源抗菌肽包括简单基因、融合基因及杂合肽等。

一、原核表达

在大肠杆菌中已经成功表达了天蚕素抗菌肽 A、天蚕素抗菌肽 B、天蚕素抗菌肽 AD、天蚕素抗菌肽 B 突变体 ABP-S1、天蚕素抗菌肽 A 与蛙皮素的杂合肽。Yang 等(2012)将阳离子类弹性多肽连接在天蚕素 AD 的 N 端来构建表达载体，再转染大肠杆菌 BL-21 表达重组蛋白，通过可逆转变循环、肠激酶消化和热旋，得到的高纯度重组天蚕素 AD 对大肠杆菌和金黄色葡萄球菌均具有很强的抗菌活性。扈进冬等(2012)采用改良二步全基因合成法合成了含大肠杆菌偏爱密码子的天蚕素 AD 和蛙 buforin Ⅱ成熟片段的融合基因，经克隆、测序和重组表达后，测得表达产物占菌体总蛋白的 35%，并具有良好的杀菌效果。宋雪莹等(2012)设计出一种新型的杂合抗菌肽牛乳铁蛋白素-天蚕素，并成功将其在大肠杆菌中进行了重组表达，得到的重组蛋白具有显著的抑菌活性。

在枯草芽胞杆菌中已经成功表达了天蚕素抗菌肽 AD。

二、真核表达

1. 酵母表达蚕源抗菌肽

在毕赤酵母中已经成功表达了天蚕素抗菌肽 B、天蚕素抗菌肽 D、天蚕素抗菌肽 AD、天蚕素抗菌肽 A 与蜂毒肽杂合肽、天蚕素类杂合肽突变体。

郑青等(1999)将天蚕素 A 的 N 端 1~11 位氨基酸残基和天蚕素 D 的 C 端 12~37 位氨基酸残基通过化学合成和 PCR 相结合的方法合成了天蚕素 AD 的基因，将该杂合基因构建表达载体，转入酵母 AB103，获得的表达产物杂合肽对大肠杆菌具有较好的抑菌活性。姜兰等(2002)发现杂合肽天蚕素 AD 对水产养殖常见病原菌嗜水气单胞菌(*Aeromonas hydrophila*)、梅氏弧菌(*Vibrio metschnikovi*)、迟钝爱德华氏菌(*Edwardsiella tarda*)及温和气单胞菌(*A. sobria*)有较好的抑菌效果，最小抑菌浓度为 4g/ml、杀菌浓度为 8g/ml。杂合肽天蚕素 AD 的抑菌方式是通过作用于细菌的细胞膜而导致菌体裂解死亡。

2. 昆虫细胞表达蚕源抗菌肽

赵东红等(2001)将人工设计的类家蚕源抗菌肽 CM4 的基因通过分子生物学方法构建了重组质粒，然后转染 sf21 细胞并感染甜菜夜蛾幼虫，结果在培养细胞上清及虫体血淋巴中均测到抗菌活性，在甜菜夜蛾中类抗菌肽的表达量比在昆虫细胞中高，可达 80μg/ml 虫体血淋巴。

第三节　蚕源抗菌肽的临床应用

蚕源抗菌肽不仅具有分子质量小、热稳定强、水溶性好等特点，而且其抗菌谱广，更为重要的是蚕源抗菌肽只作用于原核细胞和发生病变的真核细胞。它的作用机制与抗生素阻断大分子生物合成的作用机制完全不同。因此，蚕源抗菌肽具有独特和重要的研究与应用价值。本节主要就蚕源抗菌肽在临床上的应用进行简要介绍。

一、在畜牧业上的应用

蚕源抗菌肽作为一种广谱、高效、无残留的新型抗微生物药物在畜牧业中使用，有着明显的优势和巨大的前景。

1. 猪

Wu 等(2012)在大肠杆菌攻毒断奶仔猪日粮中添加天蚕素 AD 400mg/kg，结果天蚕素 AD 组仔猪的体增重、采食量和料重比显著优于对照组($P<0.05$)，盲肠中大肠杆菌总数显著低于对照组($P<0.05$)，而乳酸杆菌数量显著高于对照组($P<0.05$)，十二指肠的绒毛高度和隐窝深度优于对照组，对照组仔猪血浆 IgA 和 IgG、IL-1β 和 IL-6 水平均显著低于天蚕素 AD 组($P<0.05$)。冯占雨等(2012)在仔猪日粮中添加天蚕素 300g/t(有效成分分别为 1×10U/g、1.5×10U/g 和 2×10U/g)抗菌肽，结果显著改善了料重比($P<0.05$)，且 1×10U/g 和 1.5×10U/g 组的促生长效果要好于 2×10U/g 组。王阿荣(2011)在试验组断奶仔猪日粮中分别添加天蚕素 180g/t、250g/t 和 320g/t，结果提高了仔猪的平均日增重和血液中免疫球蛋白的含量，并显著降低了料重比($P<0.05$)，其中，320g/t 添加效果较好。李波等(2011)在分娩前 30d 到产后 21d 母猪日粮中添加天蚕素 400mg/kg，结果极显著提高了活仔率和健仔率($P<0.01$)，显著降低了仔猪腹泻率($P<0.05$)，并在一定程度上提高了仔猪初生重、21d 体重、平均日增重和成活率。宋青龙等(2012)在对照组和试验组断奶仔猪日粮中分别添加吉他霉素(100mg/kg)和天蚕素(200mg/kg)，结果试验组断奶仔猪的平均日增重和平均日采食量显著高于对照组($P<0.05$)，仔猪腹泻率显著降低($P<0.05$)，并显著提高了试验前期猪瘟抗体阳性率($P<0.05$)。张

董燕等(2011)在断奶仔猪日粮中添加 0.3%天蚕素，结果使仔猪的平均日增重提高了 5.14%，料重比降低了 14.80%，并显著降低了仔猪粪便中的大肠杆菌数量($P<0.05$)，还降低了仔猪血清尿素氮和结合珠蛋白的含量，增加了干扰素和免疫球蛋白 A 的含量。

2. 家禽

Wen 和 He(2012)在土鸡日粮中分别添加液体天蚕素 0ml/kg、2ml/kg、4ml/kg、6ml/kg 和 8ml/kg，结果改善了土鸡的生产性能，提高了营养物质利用率，减少了空肠和盲肠中需氧菌的数量，并增加了小肠绒毛高度。李波等(2012)在蛋鸡日粮中添加天蚕素 100mg/kg，结果提高了产蛋率和平均蛋重，降低了料蛋比和破软蛋率，并改善了鸡蛋蛋壳颜色和蛋形指数($P<0.05$)。单达聪等(2012)在肉鸡饮水中添加天蚕素 60mg/kg，结果使肉鸡的平均日增重提高了 2.53%，料重比降低了 5.79%，出栏率提高了 2.00%。

刘莉如等(2012)研究表明，在海兰褐蛋用仔公鸡日粮中添加天蚕素 350mg/kg 能显著降低料重比，显著提高胸腺、法氏囊和脾指数($P<0.05$)，并能显著降低 IL-6、TNF-α 和 INF-γ 基因 mRNA 的相对表达水平($P<0.05$)，还能显著提高 IgA 和 IgG 含量($P<0.05$)，显著提高补体 C3 和溶菌酶含量($P<0.05$)，显著降低大肠杆菌数量($P<0.05$)，显著增加双歧杆菌和乳酸杆菌数量($P<0.05$)。陈红羽(2012)在日粮中添加天蚕素抗菌肽饲喂大肠杆菌感染的肉鸡，结果血浆中 IL-6 水平和脾中 Toll 样受体 4(TLR4)mRNA 表达量均显著下降。这表明，天蚕素抗菌肽还可以通过降低炎症因子的表达来减轻病原感染引起的炎症反应程度。

二、在植物方面的应用

通过分离并克隆蚕源抗菌肽的基因，然后将它们导入植物体内，将会增强植物的抗病能力。表 8-2 总结了天蚕素抗菌肽在植物抑菌方面的研究结果。

表 8-2　天蚕素抗菌肽在植物抑菌方面的研究

植物受体	天蚕素抗菌肽类型	研究结果
烟草	天蚕素抗菌肽 B 天蚕素抗菌肽 A	获得抗青枯病转基因烟草 转基因植株抗真菌活性增加
番茄	天蚕素抗菌肽 B	转基因番茄对油菜黄单胞菌、青枯病菌和野油菜黄单胞菌有很强的抑制作用
水稻	天蚕素抗菌肽 B 天蚕素抗菌肽 A	转基因水稻产生的白叶枯病病斑减少 转基因水稻抗真菌能力增强
马铃薯	天蚕素抗菌肽 P1	转基因马铃薯感染枯萎病的概率显著降低
甜橙	天蚕素抗菌肽 B	转基因甜橙对真菌、霉菌的抵抗力显著增强
鱼腥草	天蚕素抗菌肽 A 与兔 NP-1 融合蛋白	转基因植物对大肠杆菌和丝状真菌的抗菌活性增强

方宏筠等(1999)用含目的基因的农杆菌(Agrobacterium)菌液侵染樱桃茎尖，将天蚕素抗菌肽B和Shiva A转化到樱桃矮化砧木，经Gus染色、Southern印迹杂交和抑菌试验表明，抗菌肽基因在转化植株中已得到有效表达，成功得到抗根瘤病植株。现在，樱桃的抗菌肽植株已由农业部批准进入田间试验。贾仕荣等(1996)改造并合成了比天蚕素抗菌力更强的天蚕素B、mcecropin B、Shiva A及WHD等的基因，并将其导入马铃薯中，获得了1050个转基因株系，转基因的马铃薯抗病性比原始品种提高1~3级。廖富苹等(2005)利用农杆菌介导技术获得了转柞蚕抗菌肽D基因辣椒，以T4代转基因辣椒为试验材料，从核酸和蛋白质水平对目的基因进行了检测，发现辣椒组织中含有抑菌物质，成功获得了具有抗青枯病能力的转抗菌肽基因辣椒。He等(2011)用农杆菌介导法将Shiva A和天蚕素抗菌肽B分别侵染甜橙和脐橙的成熟腋芽，使其表达，经PCR和Southern印迹杂交结果表明，Shiva A和天蚕素抗菌肽B基因都已整合入橙子基因组中，转化率达8%；黄单胞菌(Xanthornonas)活体接种结合大田种植试验表明，转基因植株发病率明显低于原始品种。Florack等(1995)用天蚕素抗菌肽B基因转化到烟草中，发现其mRNA表达量提高。Zakharchenko等(2009)将天蚕素抗菌肽P1转化到烟草中，以抗菌肽对细菌的天然抗性为筛选标记，成功构建了无选择标记的转化体系。

贾云超等(2008)研究表明，在处理种子时，用0.12mg/ml抗菌肽溶液浸泡棉花去壳种子，能有效防止真菌污染，并且抗菌肽对愈伤及生芽、生根没有影响。

三、在医学上的应用

赵东红等(2000)在扫描电镜下观察到家蚕源抗菌肽CM4对离体U937、Hela癌细胞骨架及核骨架有明显损伤作用。柞蚕抗菌肽能抑制乙型肝炎病毒DNA复制，又能选择性杀伤肿瘤细胞，对动物安全、无毒性作用，在医药上已制成“肾肝宁”胶囊治疗肾炎及肝炎。

四、在食品领域的应用

蚕源抗菌肽对与食品有关的多种革兰阴性菌和阳性细菌均有较强的杀灭作用。同时，蚕源抗菌肽表现出良好的热稳定性。因此，在食品做热加工时，蚕源抗菌肽的活性不被破坏。蚕源抗菌肽还可用于食品发酵中的杂菌污染预防与杀灭。蚕源抗菌肽在酸性情况下活性最强，适于大多数酸性食品，尤其是饮料的防腐。因此，可以说蚕源抗菌肽是一种对人体无毒性作用的极有前途的新型食品防腐剂。

五、在水产养殖中的应用

林鑫等(2013)在锦鲤日粮中添加天蚕素抗菌肽，结果显示抗菌肽组血清过氧化氢酶(CAT)、总超氧化物歧化酶和碱性磷酸酶活性显著高于对照组($P<0.05$)；

用维氏气单胞菌感染后，抗菌肽添加组的累计死亡率显著低于对照组($P<0.05$)。这表明，饲料中添加天蚕素抗菌肽可以增强锦鲤的非特异性免疫力和抗病力。

参 考 文 献

陈红羽. 2012. 抗菌肽 cecropin AD 对肉鸡生产性能、肠道菌群和免疫性能的影响. 北京: 中国农业大学硕士学位论文.

单达聪, 季海峰, 魏元彬, 等. 2012. 饮水饲喂天蚕素抗菌肽对肉鸡生产性能的影响. 饲料研究, 6: 59-60.

范涛, 代君君, 周业奉, 等. 2009. 家蚕抗菌肽的诱导及其抑菌作用研究. 中国农学通报, 25(21): 30-32.

方宏筠, 王关林, 王火旭, 等. 1999. 抗菌肽基因转化樱桃矮化砧木获得抗根瘤病的转基因植株. 植物学报, 41(11): 1192-1198.

冯占雨, 何涛, 谯仕彦, 等. 2012. 日粮中添加不同水平的天蚕素抗菌肽对仔猪生产性能和健康状况的影响. 饲料工业, s: 38-40.

郭玉梅, 戴祝英, 胡云龙. 1995. 家蚕抗菌肽的一些性质及抗肿瘤活性. 南京师大学报(自然科学版), 18(1): 62-67.

韩晋辉, 翟培, 施用晖. 2012. 人工设计天蚕素抗菌肽 AMP-D 及其活性测定. 中国畜牧兽医, 39(7): 159-162.

胡云龙. 1996. 天然抗菌肽分离、纯化及其抑制肿瘤细胞的作用. 北京: 中国农业出版社: 89-97.

扈进冬, 魏艳丽, 张广志, 等. 2012. 天蚕素 AD 和蛙 Buforin Ⅱ融合蛋白在大肠杆菌中的表达. 中国畜牧兽医, 39(4): 35-38.

贾士荣, 屈贤铭. 1996. 马铃薯抗菌肽基因工程. 北京: 中国农业出版社.

贾云超, 白玮, 张锐, 等. 2008. 抗菌肽在棉花、烟草组织培养中的应用初探. 中国农业科技导报, 10(3): 97-101.

姜兰, 白俊杰, 邓国成, 等. 2002. 重组抗菌肽的制备及其对水产养殖中常见病原菌的抑菌效果. 中国水产科学, 9(2): 152-156.

李波, 关静姝, 刘成宏. 2012. 日粮中添加肽生素对蛋鸡生产性能及蛋品质的影响. 饲料与畜牧, 9: 56-57.

李波, 杨利, 易学武, 等. 2011. 日粮中添加天蚕素抗菌肽对母猪繁殖性能的影响. 中国畜牧兽医, 38(1): 26-28.

廖富苹, 钟杨生, 邓平建, 等. 2005. 转柞蚕抗菌肽 D 基因辣椒的目的基因及表达产物检测. 蚕业科学, 31(2): 155-160.

林鑫, 毛述宏, 杨阳, 等. 2013. 饲料中添加抗菌肽对锦鲤生长、非特异性免疫力和抗病力的影响. 动物营养学报, 25(8): 1860-1865.

刘莉如, 杨开伦, 滑静, 等. 2012. 抗菌肽对蛋用仔公鸡生长性能、免疫指标及空肠组织相关细胞因子基因 mRNA 表达的影响. 动物营养学报, 24(7): 1345-1351.

刘忠渊, 张富春, 蔡伦, 等. 2003. 酵母菌中表达的新疆家蚕抗菌肽(Cecropin-XJ)的特性研究. 微生物学报, 43(5): 632-641.

马晓艳, 马亚珍, 苏贵成. 2008. 新疆家蚕抗菌肽(Cecropin-XJ)对奶牛乳房炎病原的体外抑菌效果观察. 新疆畜牧业, (2): 22-25.

邵喜明, 赵晓军. 2009. 源自天蚕素 A 和爪蟾素 2 的杂合肽 P18 体外抑制内皮细胞血管生成. 四川动物, 28(5): 661-664.

宋青龙, 王洪彬, 张广民, 等. 2012. 日粮中添加天蚕素抗菌肽对仔猪健康及生产性能的影响. 中国畜牧杂志, 48(13): 52-55.

宋雪莹, 冯兴军, 李静, 等. 2012. 杂合抗菌肽牛乳铁蛋白素-天蚕素在大肠杆菌中的高效表达及其活性鉴定. 微生物学通报, 39(9): 1242-12249.

孙彬斌, 赵晓军. 2010. 天蚕素 A2 爪蟾素 2 杂合肽 P18 对 MDA2MB2435s 乳腺癌细胞的作用研究. 四川动物, 29(1): 41-44.

汪延生, 宋雪艳, 廖富蘋, 等. 2013. 柞蚕新型抗菌肽 moricin 基因的克隆与分析. 河南大学学报(自然科学版), 43(3): 301-305.

王阿荣. 2011. 天蚕素抗菌肽对断奶仔猪和母猪生产性能的影响. 呼和浩特: 内蒙古农业大学硕士学位论文.

许玉澄, 张双全, 戴祝英. 1998. 家蚕抗菌肽的抗癌作用. 动物学研究, 19(4): 263-268.

杨细媚, 文阳安, 万祥辉, 等. 2010. 天蚕素 A 截短肽在大肠埃希菌中的高效表达及活性分析. 中国抗生素杂志, 35(1): 20-23.

张董燕, 季海峰, 刘辉, 等. 2011. 天蚕素抗菌肽对断奶仔猪生产性能及血清指标的影响. 饲料研究, 10: 22-24.

找东红, 戴祝英, 周开亚, 等. 2001. 中国家蚕抗菌肽人工合成类 CMⅣ基因在甜菜夜蛾虫体中的表达. 微生物学报, 41(6): 680-685.

赵东红, 张双全, 戴祝英, 等. 2000. 重组家蚕抗菌肽 CM4 对癌细胞骨架及核骨架破坏作用的观察. 高技术通讯, 1: 23-27.

郑青, 黄自然, 姚汝华, 等. 1999. 人工合成 Cecropin AD 基因在酵母中表达. 蚕业科学, 25(3): 175-180.

Boman H G, Faye I, Gudmundssongh, *et al*. 1991. Cell-free immunity in Cecropia: A model system for antibacterial proteins. European Journal of Biochemistry, 201(1): 23-31.

Boman H G, Faye I, Hofsten P, *et al*. 1985. On the primary structures of lysozyme, cecropins and attacins from *Hyalophora cecropia*. Developmental and Comparative Immunology, 9(3): 551-558.

Boman H G, Nilssoni I N, Rasmuson B. 1972. Inducible antibacterial defence system in drosophila. Nature, 237: 232-235.

Ceron J M, Contras-Moreno J, Puertollano E, *et al*. 2010. The antimicrobial peptide cecropin A induces caspase-independent cell death in human promyel ocytic leukemia cells. Peptides, 31(8): 1494-1503.

Chen X, Zhu F M, Cao Y H, *et al*. 2009. Novel expression vector for secretion of cecropin AD in *Bacillus subtilis* with enhanced antimicrobial activity. Antimicrobial agents and chemotherapy, 53(9): 3683-3689.

Cheng T C, Zhao P, Liu C, *et al*. 2006. Structures, regulatory regions, and inductive expression patterns of antimicrobial peptide genes in the silkworm *Bombyx mori*. Genomics, 87 (3): 356-365.

Chia T J, Wu Y C, Chen J Y, *et al*. 2010. Antimicrobial peptides (AMP) with antiviral activity against fish nodavirus. Fish&Shell fish Immunology, 28(3): 434-439.

Florack D, Allefs S, Bollen R, *et al*. 1995. Expression of giant silkmoth cecropin B genes in tobacco. Transgenic Research, 4(2): 132-141.

Hara S, Yamakawa M. 1995. Moricin, a novel type of antibacterial peptide isolated from the silkworm *Bombyx mori*. J Biol Chem, 270(50): 29923-29927.

He Y R, Chen S C, Peng A H, *et al*. 2011. Production and evaluation of transgenic sweet orange (*citrus sinensis osbeck*) containing bivalent antibacterial peptide genes (Shiva A and Cecropin B) via a novel Agrobacterium-mediated transformation of mature axillary buds. Scientia Horticulturae, 128(2): 99-107.

Jan P S, Huang H Y, Chen H M, *et al*. 2010. Expression of a synthesized gene encoding cationic peptide cecropin B in transgenic tomato plants protects against bacterial diseases. Applied and Environmental Microbiology, 76(3): 769-775.

Jin F L, Sun Q, Xu X X, *et al*. 2012. cDNA cloning and characterization of the antibacterial peptide cecropin 1 from the diamondback moth, Plutella xylostella L. Protein Expression and Purification, 85(2): 230-238.

Jin F L, Xu X X, Zhang W Q, *et al*. 2006. Expression and characterization of a housefly cecropin gene in the methylot rophicyeast, Pichiapastoris. Protein Expression and Purification, 49(1): 39-46.

Kaneko Y, Tanaka H, Ishibashi J, *et al*. 2008. Gene expression of a novel defensin antimicrobial peptide in the silkworm, *Bombyx mori*. Biosci Biotechnol Biochem, 72(9): 2353-2361.

Suttmann H, Retz M, Paulsen F, *et al*. 2008. Antimicrobial peptides of the cecropin-family show potent antitumor activity against bladder cancer cells. BMC Urology, 8: 5.

Wang H, Meng X L, Xu J P, *et al*. 2012. Production, purification, and characterization of the cecropin from *Plutella xylostella*, pxCECA1, using an intein-induced self-cleavable system in *Escherichia coli*. Applied Microbiology and Biotechnology, 94(4): 1031-1039.

Wen H X, Lan X Q, Cheng T C, *et al*. 2009. Sequence structure and expression pattern of a novel anionic defensin-like gene from silk-worm (*Bombyx mori*). Mol Biol Rep, 36(4): 711-716.

Wen L F, He J G. 2012. Dose-response effects of an antimierobial peptide, a cecropin hybrid, on growth performance, nutrient utilisation, bacterial counts in the digest and intestinal morphology in broilers. British Journal of Nutrition, 108(10): 1756-1763.

Wu S D, Zhang F R, Huang Z M, *et al*. 2012. Effects of the antimicrobial peptide cecropin AD on performance and intestinal health in weaned piglets challenged with *Escherichia coli*. Peptides, 35(2): 225-230.

Yang K, Su Y J, Li J H, *et al*. 2012. Expression and purification of the antimicrobial peptide cecropin AD by fusion with cationic elastin-like polypeptides. Protein Expression and Purification, 85(2): 200-203.

Yevtushenko D P, Romero R, Forward B S. 2005. *et al.* Pathogen-induced expression of a cecropin A-melittin antimicrobial peptide gene confers antifungal resistane in transgenic tobacco. Journal of Experimental Botany, 56(416): 1685-1695.

Yu F X, Wang J G, Zhan G, *et al.* 2010. Fusion expression of cecropin B-like antibacterial peptide in *Escherichia coli* and preparation of its antiserum. Biotechnology Letters, 32(5): 669-673.

Zakharchenko N S, Pigoleva S V, Iukh-Manova A A, *et al.* 2009. Use of the gene of antimicrobial peptide cecropin P1 for producing marker-free transgenic plants. Russian Journal of Genetics, 45(8): 929-933.

第九章　蜜蜂源抗菌肽

蜜蜂在野外活动的过程中，随时会受到各种病原物的威胁。经过长期的适应，蜜蜂形成了与之相对应的分子进化策略。其中，抗菌肽是蜜蜂抵抗病原物感染的重要分子。

第一节　蜜蜂源抗菌肽的类型

对于蜜蜂源抗菌肽的研究最早是在西方蜜蜂上，后来逐渐转向其他蜂种，主要是东方蜜蜂，对于亚洲其他野生蜂种的研究很少。蜜蜂源抗菌肽在体内有 4 个家族：apidaecin、abaecin、hymenoptaecin 和防御素。目前，对于 apidaecin 与 abaecin 的研究，主要集中于西方蜜蜂、东方蜜蜂；对于 hymenoptaecin 的研究，除了西方蜜蜂、东方蜜蜂外，还涉及黑小蜜蜂、大蜜蜂、沙巴蜂；对于防御素的研究，主要集中在大蜜蜂和黑小蜜蜂。

一、蜜蜂源抗菌肽 apidaecin

apidaecin 是蜜蜂体液内最早被研究的一种抗菌肽。Casteels-Josson 等(1993)研究了蜜蜂 apidaecin 的前体结构及其抗菌机制。被微生物感染的蜜蜂体液内的 apidaecin 主要对革兰阴性菌起作用，最低抑菌浓度在 10^{-8}~10^{-6}mol/L。apidaecin 类的抗菌肽序列一般可分为保守区和可变区。保守区与一般的抗菌作用有关，其氨基酸残基的改变常导致抗菌作用的减弱或者丧失。可变区与特异性的抗菌作用有关，其序列改变可能导致抗菌谱的改变。编码 apidaecin 的基因的转录前体 cDNA 由编码 16 个氨基酸的信号肽序列、编码 16 个氨基酸的前体序列、几乎相同的 84 个核苷酸组成的重复单元及 C-end 序列组成。独特的前体结构使 apidaecin 基因受到极少量的病原物刺激后迅速表达。

二、蜜蜂源抗菌肽 abaecin

abaecin 前体结构简单，同 apidaecin 一样受到病原物刺激后会迅速大量表达，时间上较后者稍滞后。abaecin 含有 34 个氨基酸残基，包括 10 个脯氨酸残基，氨基端与 apidaecin 的序列相似，且具有广谱的抗菌能力，但是抗菌活性比后者要弱得多。abaecin 前体基因由编码 19 个氨基酸组成的信号肽、编码 34 个氨基酸组成的成熟肽序列组成，没有间隔肽序列，所以加工时只需将信号肽去除即可。

李丽(2010)在日粮中添加蜜蜂源抗菌肽 abaecin，结果对肉鸡免疫器官指数的影响不明显，表明抗菌肽 abaecin 对肉鸡免疫器官无不良影响；21d 时，添加 300mg/kg 抗菌肽能使肉鸡外周血 T 淋巴细胞转化率升高 11.11%，添加抗菌肽组肉鸡血清 IgG、血清补体 C3 和 C4 的含量均高于空白对照组。这表明抗菌肽 abaecin 有促进机体细胞免疫和体液免疫应答的功能。

三、蜜蜂源抗菌肽 hymenoptaecin

hymenoptaecin 与另外 3 种抗菌肽不同，在生理条件下能够有效抑制革兰阴性菌和少数革兰阳性菌，并且能够有效抑制对 apidaecin 产生抗性的菌。hymenoptaecin 类抗菌肽的前体序列是由 17 个氨基酸组成的信号肽、17 个氨基酸组成的前体序列及 93 个氨基酸组成的成熟肽序列组成。

四、蜜蜂源抗菌肽防御素

防御素是在免疫诱导的蜜蜂血淋巴中被分离出来的，含量极少，比现有已知的诱导肽类少 20~50 倍。而且防御素在受到大量病原物刺激 12h 后才微量表达，24h 后表达趋于恒量。防御素的前体基因是由编码 19 个氨基酸组成的信号肽序列、编码 22 个氨基酸组成的间隔肽序列、编码 51 个氨基酸组成的成熟肽序列组成。

第二节　蜜蜂源抗菌肽的进化

强环境选择压力迫使抗菌肽基因采取正选择的进化方式，即在长期与病原物斗争的过程中，基因的非同义突变大于同义突变的概率。一般正选择都是发生在成熟肽基因序列，而信号肽基因序列采取负选择的进化方式。蜜蜂源 4 个抗菌肽基因家族的信号肽序列明显比成熟肽序列更相似。

相同或者相近的环境会使不同种的蜜蜂进化出相同的抗菌肽基因家族，正如东方蜜蜂、西方蜜蜂都进化出了 4 个抗菌肽基因家族，但不同的环境选择压力又使抗菌肽基因的数量不同，如中华蜜蜂的抗菌肽基因有 87 个，而西方蜜蜂的抗菌肽基因只有 16 个，中华蜜蜂基因家族 hymenoptaecin 基因有 34 个 cDNA，编码 13 个 hymenoptaecin，而西方蜜蜂 hymenoptaecin 基因只有 2 个 cDNA，编码 1 个 hymenoptaecin。所以有理由推测，由于长期的人工驯化使得西方蜜蜂的抗菌肽基因退化。从目前的研究看，主要表现在基因数量的减少，东方蜜蜂比西方蜜蜂受到相对较强的环境选择压力，从而保持了抗菌肽基因的多样性。据推测，比东方蜜蜂受到更强选择压力的野生蜜蜂如大蜜蜂、小蜜蜂、黑大蜜蜂、黑小蜜蜂保存了比东方蜜蜂更多的抗菌肽多样性。

在蜜蜂与病原物相互作用的过程中，蜜蜂发展了反应灵敏且高表达的

apidaecin 抗菌肽基因家族，以及在病原物侵染后期抑制革兰阳性菌的防御素抗菌肽基因家族。所以，蜜蜂体内的不同抗菌肽基因家族存在协同作用，不同抗菌肽作用机制虽有不同，却各司其职，共同抵御着各种病原物的侵染。

参考文献

陈学新, 胡义镰, 何俊华, 等. 1999. 中蜂抗菌物种的诱导. 昆虫知识, 36(4): 215-218.

丁美会, 金凤, 沈立荣, 等. 2010. 中华蜜蜂王浆抗菌肽 Acc-royalisin 基因原核表达及多克隆抗体制备. 浙江大学学报(农业与生命科学版), 36(6): 609-614.

李丽, 谯仕彦, 祝发明, 等. 2009. 蜜蜂抗菌肽 Abaecin 在枯草杆菌中的分泌表达. 畜牧兽医学报, 40(11): 1681-1685.

李丽. 2010. 抗菌肽 Abaecin 制备及其对肉鸡生长及免疫影响的研究. 呼和浩特: 内蒙古农业大学博士学位论文.

徐鹏. 2009. 社会性昆虫抗菌肽基因的分子进化研究. 杭州: 浙江大学博士学位论文.

Boman H G, Nilsson I, Rasmuson B, *et al*. 1972. Inducible antibacterial defense system in drosphila. Nature, 237(5352): 232-235.

Bulmer M S, Crozier R H. 2004. Duplication and diversifying selection among termite antifungal peptides. Mol Bio Evol, 21(12): 2256-2264.

Casteels P, Ampe C, Jacobs F, *et al*. 1993. Functional and chemical characterization of hymenoptaecin, an antimicrobial peptide that is infection- inducible in the honeybee (*Apis mellifera*). J Boil Chem, 268(10): 7044-7054.

Casteels P, Ampe C, Riviere L, *et al*. 1990. Isolation and characterization of abaecin, a major antimicrobial peptide in the honeybee (*Apis mellifera*). Eur J Biochem, 187(2): 381-386.

Casteels-Josson K, Capaci T, Casteels P, *et al*. 1993. Apidaecin multipeptide precursor structure: a putative mechanism for amplification of the insect antibacterial response. EMBO J, 12(4): 1569-1578.

Fehlbaum P, Bulet P, Chernysh S, *et al*. 1996. Structure-activity analysis of thanatin, a 21-residue inducible insect defense peptide with sequence homology to frog skin antimicrobial peptides. Proc Natl Acad Sci USA, 93(3): 1221-1225.

Tavano R, Segat D, Gobbo M, *et al*. 2011. The honey bee antimicrobial peptide apidaecin differentially immunomodulates human macrophages, monocytes and dendritic cells. J Innate Immun, 3(6): 614-622.

Viljakainen L, Evans J D, Hasselmann M, *et al*. 2009. Rapid evolution of immune proteins in social insects. Mol Biol Evol, 26(8): 1791-801 .

Xu P, Shi M, Chen X X. 2009. Antimicrobial peptide evolution in the Asiatic honey bee *Apis cerana*. PLoS One, 4(1): e4239.

Zhou X X, Wang Y B, Pan Y J, *et al*. 2008. Nisin-controlled extracellular production of apidaecin in *Lactococcus lactis*. Appl Microbiol Biotechnol, 78(6): 947-953.

第十章　水产动物源抗菌肽

水生生物主要依赖于先天防御系统的众多抗菌类物质维持自身有益共生物，同时抵御环境中各类病源微生物的侵害。其中，抗菌肽是鱼、虾、贝等水产动物抗病原防御系统的主要成分之一。水产动物源抗菌肽以其杀菌作用强、溶血效应小、种类多样化而显示了更具优势的应用前景。

第一节　水产动物源抗菌肽的来源与结构

一、水产动物源抗菌肽的来源

1. 水生甲壳动物源抗菌肽

水生甲壳动物的抗菌肽主要存在于血液中。Destoumieux 等(1997)从凡纳滨对虾(*Litopenaeus vannamei*)的血细胞和血浆中分离得到的 3 种抗菌活性因子，对细菌、真菌和革兰阳性菌都有较强的抗菌活性。Relf 等(1999)从三叶真蟹中分离到一种 11.5kU 的抗菌肽，该抗菌肽是两性阳离子分子，与人类抗白细胞蛋白酶有较高的同源性，对热稳定、耐高盐，对革兰阳性细菌有很强杀菌力，10mg/L 即可杀死细菌。

2. 水生软体动物源抗菌肽

水生软体动物源抗菌肽的研究主要集中于贻贝。贻贝的抗菌肽最初合成于血细胞中，以颗粒物的形式贮存，当受到病原微生物入侵时，分泌到细胞表面，直接起抗菌作用。目前，已从蓝贻贝(*Mytilus edulis*)和地中海贻贝(*Mytilus galloprovincials*)体内分离和纯化出多种抗菌肽。根据一级结构的不同，可以把从贻贝中分离纯化的抗菌肽分为防御素、贻贝素、贻贝肽和贻贝霉素 4 类。

3. 鱼类抗菌肽

鱼类抗菌肽是一类小分子蛋白质，数量和种类都很庞大，分布范围广。通过比较已有的鱼类抗菌肽氨基酸序列，发现鱼类抗菌肽相互之间的同源性并不高，具有种属特异性，但在结构上具有一定共性，如分子带正电、含有较多精氨酸、赖氨酸和疏水氨基酸，分子可折叠成 α 螺旋等。

鱼类抗菌肽是鱼体非特异性免疫系统的重要组成部分。当鱼体受到损伤或病原微生物侵袭时，能迅速产生抗菌肽以预防病原微生物的入侵并杀伤病原微生物，其合成速度快，在体内扩散迅速、灵活的特点是其他大分子蛋白质(如抗体等)和免疫细胞所不具备的。在鱼类体表黏液、皮肤、鳃、血液、血清、小肠和肝组织等均有过分离得到抗菌肽的报道。Oren 和 Shai(1996)从豹鳎体上分离到一种由 33 个氨基酸残基组成的抗菌肽，并将其命名为豹鳎毒素(pardaxin)，研究发现它具有比蜂毒肽更强的抗菌活性和更低的人红细胞溶血活性。Park 等(1997)从泥鳅体内分离到一种 21 个氨基酸的抗菌肽 misgurin，具有较强的体外广谱抗菌活性且没有明显的溶血作用，其抗菌活性是蛙皮素的 2~6 倍。Park 等(1998)报道了鲶受伤时上皮黏膜细胞层分泌的一种抗菌肽 parasin 1，其具有广谱强抗菌活性，没有溶血作用，抗菌活性是蛙皮素的 12~100 倍。Silphaduang 和 Noga(2001)从杂交条纹石斑鱼中分离出抗菌肽 piscidin，这是首次在脊椎动物肥大细胞中发现抗菌肽，该抗菌肽具有广谱抗鱼类病原细菌活性；该结果同时表明，肥大细胞可能参与直接杀菌作用。

二、水产动物源抗菌肽的结构

水产动物源抗菌肽分子质量很小，同源性较低，其结构和组成复杂多样。根据结构特点的差异，将水产动物源抗菌肽分为 3 类：α 螺旋结构的抗菌肽、含多个半胱氨酸的 β 折叠结构的抗菌肽和与组蛋白高度相似的抗菌肽。

α 螺旋结构的抗菌肽　该类抗菌肽能折叠成疏水或双亲性 α 螺旋结构，有利于其穿透细菌细胞膜，直接杀菌。Lauth 等(2002)从杂交斑纹鲈皮肤、鳃及血液中分离得到 22 个氨基酸残基的 moronecidin，它表现出较强的阳离子特性，可形成两亲性的 α 螺旋结构，在高盐环境下同样具有广谱抗菌能力。

含多个半胱氨酸的 β 折叠结构的抗菌肽　该类抗菌肽和哺乳动物中发现的防御素的结构和作用方式极其相似。

与组蛋白高度相似的抗菌肽　该类抗菌肽在鲶、鲑中都有发现。通过对其氨基酸序列分析表明，它们的结构与组蛋白 H2A、H2B 和 H1 非常相似。Richards 等(2001)从大西洋鲑(*Atlantic salmon*)中分离得到一种抗菌肽，序列分析表明它与 H1 极为相似。从斑鮰皮肤中分离得到了 3 种 HLP，其分子结构与 H1 和 H2B 非常相似。

第二节　鱼类抗菌肽

鱼类抗菌肽的数量和种类相当多。鱼类抗菌肽主要分泌到唾液、黏液和循环系统等部位。不同鱼类抗菌肽的分子结构和作用机制差异比较大，即使同一种鱼在体内不同组织也可能产生不同的抗菌肽。

一、鱼类抗菌肽的种类

鱼类抗菌肽主要分为 3 种类型，即不含半胱氨酸并具有疏水或双亲性的 α 螺旋结构、含多个半胱氨酸的 β 折叠结构，以及与组蛋白高度相似的组蛋白样抗菌肽。

1. α 螺旋结构的抗菌肽

这类抗菌肽富含一些碱性氨基酸、带正电荷，这样有利于穿透细菌细胞膜，产生直接抗菌效果。这类抗菌肽主要有虹鳟的 Salmocidin、八目鳗小肠 HFIAP (hag fish intestinal antimicrobial peptide)、泥鳅 misgurin、杂交斑纹鲈毒鱼豆素、美洲黄盖鲽拟鲽毒素和豹鳎皮肤黏液豹鳎毒素。从石纹豹鳎 (*Pardachirus marmoratus*) 皮肤腺中分离出来的豹鳎毒素 (pardaxin) 可在细胞膜形成孔道，对革兰阳性菌和革兰阴性菌都有杀灭作用，但具有细胞毒性。从美洲拟鲽皮肤黏膜中分离出来的拟鲽毒素具有广谱抗菌活性，能够抑制细菌 DNA、RNA 和蛋白质的合成。从杂交斑纹鲈的皮肤和鳃中纯化到的毒鱼豆素 (piscidin) 具有广谱的抗菌活性，通过形成环孔来杀死细菌，其对病毒、真菌和寄生虫也有杀灭作用，但其也存在溶血和细胞毒性的不良反应。

2. β 折叠结构的抗菌肽

这类抗菌肽有 3 个家族，即防御素、cathelicidin 和肝表达抗菌肽 LEAP。从斑马鱼和河豚中发现的防御素在结构上与鸟类和哺乳动物 β-防御素存在一定相似性。Falco 等 (2008) 证明虹鳟防御素的重组蛋白能够抵抗病毒性出血败血症病毒 (VHSV) 功能。另外，还从虹鳟中克隆出 3 个新的 β-防御素，为组成型表达，但受细菌和病毒侵染后表达明显增加。在虹鳟 (*Oncorhynchus mykiss*)、大西洋盲鳗 (*Myxine glutinosa*)、北极红点鲑 (*Salvelinus alpines*)、大西洋鳕鱼 (*Gadus morhua*) 和溪红点鲑 (*Salvelinus fontinalis*) 中发现了 cathelicidin。LEAP 主要在鱼的肝中表达，是鱼类重要的富含半胱氨酸的抗菌肽之一。LEAP 家族主要包括从美洲拟鲽、大菱鲆和真鲷中克隆到的铁调素 (hepcidin)、从大西洋鲑中克隆到的 Sal-1 和 Sal-2、从牙鲆中克隆到的 JF-1 和 JF-2 及从鲶和鳟中克隆到的 LEAP-2。斑纹鲈的铁调素与人铁调素结构相似，由 2 个反平行的 β 折叠和 8 个半胱氨酸形成的 4 个二硫键组成，具有抗大肠杆菌活性。从澳洲肺鱼 (*Neoceratodus forsteri*) 和尖吻鲈 (*Lates calcarifer*) 中克隆到 2 个类铁调素基因，脂多糖可以诱导其表达。

3. 组蛋白样抗菌肽

这类抗菌肽多存在于鱼类的皮肤黏膜中，如从鲶、斑鮰、斑纹鲈、银大马哈鱼和鲑中分离到的 parasin 1、组蛋白样多肽 HLP 和鲑抗菌肽 SAM 等。parasin 1 来源于鲶皮肤黏膜上皮细胞，其氨基酸序列与组蛋白 H_2A 的 N 端完全一致，是由组蛋白 H2A 经组织蛋白酶 D 在其 N 端 Ser19-Arg20 位置裂解后产生的，含有 19 个氨基酸，具有广谱抗菌活性。从虹鳟的表皮黏液中分离提取到 1 种新的抗菌肽，称为 Oncomyncin II，分子质量为 7.2kU，后被证明是组蛋白 H1 的 C 端 69 个氨基酸片段。Oncomyncin II 的抗菌活性比天蚕素抗菌肽 P1 大 10 倍以上，对革兰阳性菌和革兰阴性菌都具有杀灭作用，主要是通过破坏细菌细胞膜的稳定而起到杀菌作用的。

二、鱼类抗菌肽在疫苗研究中的应用

1. 水产养殖疫苗佐剂

佐剂是用来促进亚单位疫苗和蛋白质抗原免疫原性的物质。某些抗菌肽可以作为促炎症细胞因子（TNF、COX-2、IFN）的诱导物。鱼类抗菌肽具有作为无害疫苗佐剂替代品的特性。鱼类拟鲽毒素能促进鳟巨噬细胞系（RTS1 1）中 IL-1 β 和 COX-2 的表达，表明这些化合物具备佐剂的特性。此外，以鱼类抗菌肽为基础的佐剂能降低接种位点的反应。

2. 制备灭活疫苗

抗菌肽的抗菌功能可直接应用于制备灭活疫苗。目前广泛应用甲醛溶液制作的灭活疫苗一直存在过敏反应的问题，而用抗菌肽灭活的抗原制成的特异性抗原灭活疫苗则没有这方面的困扰。因此，寻找无毒替代化合物来生产灭活疫苗将克服甲醛带来的不良反应。抗菌肽的直接抗菌功能可作为未来灭活疫苗的潜在资源。抗原肽的生物源性促使它成为甲醛灭活疫苗的生物替代物。Wang 等（2010）研究表明，注射抗菌肽 TH1-5 和 epinecidin-1 灭活的 β 野田村病毒混合物能提高石斑鱼对神经坏死病毒（NNV）感染的抵抗力。目前，还未见应用抗菌肽制作的灭活疫苗，但抗菌肽可能成为未来灭活病原体的潜在替代物。

第三节　水生甲壳动物源抗菌肽

一、蟹类抗菌肽

Schnapp 等（1996）从三叶真蟹（*Carcinus maenas*，又叫岸蟹）的血细胞溶解产物中首先分离到甲壳动物源抗菌肽，对其中一种 6.5kU 的抗菌肽 N 端进行部分测序，发现其氨基酸序列与牛中性粒细胞抗菌肽 bactenecin 7 有 60%的同源性，为富含脯氨酸的阳离子两性分子，具有抗革兰阳性菌和革兰阴性菌活性。Relf 等（1999）从三叶真蟹颗粒细胞中分离到一种 11.5kU 抗菌肽，该抗菌肽富含半胱氨酸，对热稳定，耐高盐，仅对海洋革兰阳性菌有很强杀菌力，10mg/L 即可杀死细菌，也是两性阳离子分子，氨基酸序列与已知抗菌肽序列不同，但与人类抗白细胞蛋白酶同源性强。Jayasankar 和 Subramoniam（1999）从锯缘青蟹[*Scylla serrata*（Forskal）]精液分离到一种能抑制常见海洋细菌，分子质量为 20kU 的抗菌肽。Khoo 等（1999）报道了从青

蟹(*Callinectes sapidus*)血细胞中分离到 3.7kU、具有抗大肠杆菌活性的抗菌肽 Callinectin，并测定其部分氨基酸序列，发现其氨基端富含脯氨酸，然而其脯氨酸的排列与其他富含脯氨酸的抗菌肽不同，不形成 Pro-Arg-Pro，且与已知的抗菌肽同源性低。Stensvag 等(2008)从蜘蛛蟹(*Hyas araneus*)中分离出 1 个富含脯氨酸和精氨酸的典型抗菌肽，命名为 arasin 1，其主要在蜘蛛蟹血细胞中表达，N 端含有大量的脯氨酸、精氨酸，C 端含有的 4 个半胱氨酸形成 2 个二硫键；合成的 arasin 也能够抑制革兰阳性菌和革兰阴性菌的生长。

二、虾类抗菌肽

1. 对虾

Destoumieux 等(1997)从凡纳滨对虾(*Litopenaeus vannamei*)血细胞和血浆中分离到几种抗菌肽，测定其中 3 种多肽氨基酸序列，均为富含脯氨酸的阳离子多肽，具有抗真菌和抗细菌活性。但是，用 RT-PCR 筛选凡纳滨对虾血细胞 cDNA 文库仅获其中两种 penaeidin，测定其核酸序列，推导出氨基酸序列，结果发现其氨基酸序列与分离的抗菌肽不完全一样，其中 cDNA 文库中筛选到的 penaeidin-2 和 penaeidin-3 的 C 端含有甘氨酸，前体分子的 N 端含有高度保守的信号肽，而分离的抗菌肽却没有此结构。他们认为，分离的抗菌肽可能是由其前体分子加工而来，抗菌肽分子成熟加工时，C 端酰胺化时被去除。

Destoumieux 等(2000)用 Northern blot 和免疫组织化学等方法，系统研究了凡纳滨对虾抗菌肽合成和贮存的部位，结果表明，penaeidin 在血细胞中是以组成型合成，并贮存于颗粒细胞或半颗粒细胞的细胞质中，不存在于透明细胞中。同时，Destoumieux 等还研究了微生物刺激对 penaeidin 表达的影响，结果发现，细菌免疫 3h 后，循环血细胞中 *penaeidin* mRNA 水平明显下降，12h 后恢复到起始水平，24h 后有轻微上升，但未达到统计学显著水平，这清楚表明微生物免疫刺激不会增强血细胞中 penaeidin 合成水平。而血浆 *penaeidin* mRNA 在免疫刺激后 3h 显著增高，6h 达到最高，24h 后血浆中 *penaeidin* mRNA 含量与起始相近，这种变化可能与免疫刺激后血细胞被吸引到免疫感染部位有关。因此，penaeidin 在血细胞中合成，并贮存于颗粒细胞中，当受到刺激后，释放到血浆中。另外，他们还研究了 penaeidin 几丁质结合能力，发现整个分子具有很强几丁质结合的活性，推测 penaeidin 通过几丁质结合特性而结合到对虾的表皮，进而防止微生物入侵。这些研究奠定了 penaeidin 在对虾防御系统中的地位。

Bachère 等(2000)总结凡纳滨对虾抗菌肽结构特点，并与动物体内分离的天然免疫因子进行比较，发现 penaeidin 是另一类的抗菌肽，其分子中含有富含脯氨酸的 N 端和由 6 个半胱氨酸组成的 3 个分子内二硫桥构成的环状 C 端。这些特征通常分别出现在两种不同的抗菌肽中，而 penaeidin 则同时具有这两个特点。因此，把它列为一类新的抗菌肽。与其他抗菌肽相似之处是它们均为阳离子的小分子肽，且 pen-3a 的翻译后修饰，是通过将 N 端谷氨酸变成焦谷氨酸而形成环状；pen-2 和 pen-3 的 C 端在翻译后加工时，因谷氨酸的酰胺化而被去除，这与其他海洋无脊椎动物中分离的抗菌肽 C 端酰胺化作用相同。

Destoumieux 等(2001)采用固相抽提、RP-HPLC 及凝胶层析等方法，从细角滨对虾(*Litopenaeus stylirostris*)血浆中分离到 7.9kU 和 8.3kU 的具有抗真菌活性的小分子肽。这两个肽均是阴离子抗菌肽，即 pI 介于 5.65~6.54。Edman 降解和质谱分析其一级结构，发现有 95%~100%氨基酸序列与血蓝蛋白 C 端氨基酸序列相同。研究对虾血蓝蛋白 C 端的片段抗菌活性，发现其与这三种抗菌肽相同，即具有抑制真菌的作用，对细菌不抑制。因此，他们推测分离所得这三种抗真菌活性的多肽，可能由血蓝蛋白裂解而来，并认为对虾可能利用血浆中含量丰富且易得的血蓝蛋白来裂解产生具有广谱抗真菌活性的 C 端片段，认为血蓝蛋白可能是抗真菌多肽的物质基础。

Gross 等(2001)构建了凡纳滨对虾和白滨对虾血细胞和肝胰脏的 cDNA 文库，随机选择 2045 个克隆进行测序，发现与免疫功能基因相对应的表达序列标签(EST)有 268 个。根据功能不同，将表达序列标签分为 11 个大类型，其中含量最多的是 DNA 复制、修饰、转录和翻译的 EST，以及 NCBI 数据库中没有或相似性很低的新序列。最常见的免疫功能 EST 是抗菌肽，主要存在于血细胞文库，它们分别占凡纳滨对虾和白滨对虾血细胞 cDNA 文库的 17.7%和 21.0%。在免疫功能 EST 中，penaeidin EST 占绝大多数。成熟 penaeidin 大小为 50~62 个氨基酸，由一个约 720bp 的 mRNA 转录而来，在 5 个 penaeidin 分子中，有 2 个分子序列相差较大，其他 3 个分子序列相近。分析血细胞文库中 penaeidin 的丰度，发现同一个体中 penaeidin 存在大量的可变序列。他们认为，每种多肽可能具有不同生物学特性和功能。另一种普遍存在于 2 个血细胞文库中的 EST，其氨基酸序列和三叶真蟹的 11.5kU 抗菌肽相同。由于在进化上三叶真蟹与对虾亲缘关系较远，因此，他们认为该多肽可能是甲壳动物共同的抗菌肽。

相建海等(2001)从中国对虾(*Penaeus chinesins*)中克隆到抗菌肽基因，根据其 DNA 序列推测其氨基酸序列，发现中国对虾抗菌肽的氨基端富含甘氨酸和脯氨酸，且甘氨酸含量较高。安贤惠等(2006)从中国对虾中分离到 1 种抗菌肽 PC-V-2，对鲁克氏耶尔森菌、金黄色葡萄球菌、枯草杆菌、大肠杆菌、白色念珠菌等水产病原菌具有较强的抗菌活性。

Cuthbertson 等(2004)从凡纳滨对虾血细胞中分离出 1 种新对虾抗菌肽，其序列与已知的对虾抗菌肽均不同，对尖孢镰刀菌(*Fusarium oxysporum*)具有抗性。

Shanthi 和 Vaseeharan(2012)从印度白对虾(*Fenneropeneaus indicus*)血细胞中克隆出 1 种对虾抗菌肽基因，与斑节对虾的抗菌肽有 92%的同源性，主要在血细胞、心脏、肝、胰腺、肌肉、鳃、肠和眼柄中表达。

2. 龙虾

Lee 等(2003)在淡水小龙虾(*Pacifastacus leniusculus*)中发现由 16 个氨基酸组成的抗菌肽 astacidin 1，具有广泛的抗菌活性，对革兰阳性菌和革兰阴性菌都有抗性。Jiravanichpaisal 等(2007)在小龙虾血细胞中发现的 astacidin 2，其是 1 个由 14 个氨基酸组成的富含脯氨酸和精氨酸的抗菌肽，其 C 端酰胺化对革兰阳性菌、革兰阴性菌都有抗菌活性。Pisuttharachai 等(2009)从日本龙虾(*Panulirus japonicus*)EST 中还发现防御素基因，主要在血细胞、心脏、鳃和肝胰脏中表达。

三、鲎类抗菌肽

目前，从鲎血细胞中分离、鉴定到许多抗菌肽。鲎类抗菌肽也叫鲎素，主要包括 tachyplesin、 tachycitin、tachystatin、大防御素(big defensin)和 polyphemusin 等。鲎抗菌肽除了具有抗菌活性外，还对胃癌细胞的增殖活动具有显著的抑制作用。

Muta 等(1987)从中国鲎(*Tachypleus tridentatus*)和美洲鲎(*Limulus polyphemus*)血细胞溶解产物中发现一种阳离子抗脂多糖(anti-LPS)因子，其能很强地抑制革兰阴性菌的生长。从中华鲎血细胞颗粒提取液中分离到新的阳离子抗菌肽鲎抗菌肽 1 (tachyplesin 1)，该抗菌肽为组成型表达，在微生物感染部位释放。鲎抗菌肽与 LPS 形成复合物，可以抑制许多病原微生物如包纳米虫(*Bonamia ostreae*)、贝类帕金虫(*Perkinsus marinus*)和弧菌 P1 的生长。另外，还发现了鲎抗菌肽的 4 种异构肽，即来自美洲鲎血细胞的鲎抗菌肽Ⅱ与鲎抗菌肽Ⅲ和来自南方鲎(*Tachypleus gigas*)血细胞的 polyphemusin Ⅰ和 polyphemusin Ⅱ。这些异构肽可能是 1 个共同前体在成熟加工过程中所形成的中间产物。鲎抗菌肽Ⅲ与黏菌素(colistin)对具有多重耐药的铜绿假单胞菌(*Pseudomonas aeruginosa*)有协同抗菌活性。其他 3 种异构肽除了对细菌有抗菌作用外，对真菌如白色念珠菌 M9 菌株也有抗菌效果。

Saito 等(1995)从中华鲎血细胞中发现 1 种新的类防御素分子，其能抑制革兰阳性菌和革兰阴性菌及真菌的生长。该防御素分子有 79 个氨基酸，其 C 端的 37 个氨基酸片段与哺乳动物中性粒细胞中的防御素具有同源性。另外，从中华鲎血细胞中分离的鲎抗菌肽 A、鲎抗菌肽 B 和鲎抗菌肽 C 对革兰阳性菌、革兰阴性菌及真菌都有广泛的抗菌活性，其中鲎抗菌肽 C 的活性最高。

谢海伟等(2010)通过灌胃方法将鲎抗菌肽饲喂给断奶小鼠，应用 DGGE 技术进行分析后发现肠道微生物区系发生了明显改变，鲎抗菌肽组的 DGGE 电泳条带数比空白对照组明显减少，不同处理时期的肠道菌群相似性在 51.4%~63.0%，DGGE 中特异条带的鉴定结果表明，鲎抗菌肽可以促进粪链球菌和乳酸杆菌的数量。

第四节　水生软体动物源抗菌肽

软体动物的抗菌肽研究比较多。这里主要介绍贻贝、牡蛎和扇贝的抗菌肽。

一、贻贝抗菌肽

贻贝缺乏特异性免疫系统，其免疫机制主要依赖于呼吸爆发机制、巨噬细胞的吞噬及血淋巴中的各种抗菌肽分子。其中，抗菌肽存在于贻贝血清中和部分血细胞中。

目前，从贻贝中分离鉴定出了 4 种类型的抗菌肽，分别为贻贝素(mytilin)、贻贝肽(myticin)、防御素(*Mytilus galloprovincials* defensin，MGD)和贻贝霉素(mytimycin)。

1. 贻贝霉素

贻贝霉素分子质量较大，在 6000Da 以上，序列中含有 12 个半胱氨酸，形成 6 对二硫键，抗真菌，分布在蓝贻贝(*Mytilus edulis*)血清中。其余 3 类抗菌肽氨基酸残基数为 34~40 个，分子质量为 3500~4500Da，序列中均含有 8 个半胱氨酸，形成 4 对二硫键。贻贝霉素可以抑制粗糙脉孢菌(*Neurospora crassa*)和黄色镰刀菌(*Fusarium culmorum*)的生长。

2. 贻贝防御素

贻贝防御素可抗革兰阳性菌和革兰阴性菌，对真核细胞和原虫无细胞毒性。先从蓝贻贝(*Mytilus edulis*)血液中分离到防御素 A 和防御素 B，后来又从地中海贻贝(*Mytilus galloprovincials*)血浆中分离到的防御素 MGD(包含 MGD-1 和 MGD-2)，都有 8 个半胱氨酸，以较大的前体分子合成，然后剪切成成熟肽 MGD-1 和 MGD-2。

3. 贻贝素

贻贝素是富含半胱氨酸的阳离子抗菌肽，有 5 个同分异构体 A、B、C、D 和 G1，主要对革兰阳性菌有抗菌活性，包括对一些海洋无脊椎动物的病原体，对革兰阴性菌和真菌的作用较弱。

4. 贻贝肽

贻贝肽 A(myticin A)分布在贻贝血细胞和血清中，抗革兰阳性菌；而贻贝肽 B 仅存在于血细胞中，抗革兰阴性菌和真菌(如尖孢镰刀菌)。贻贝肽 A 和贻贝肽 B 都由 40 个氨基酸残基构成，包含 4 个二硫键。从紫贻贝克隆到的贻贝肽 C 有数个等位基因变体，它在贻贝幼虫发育阶段即表达，可能在贻贝幼虫发育阶段起到免疫保护作用。

Pipe 等(1990)的研究表明，贻贝的颗粒细胞可运动至贻贝受伤部位或微生物入侵部位，通过释放颗粒细胞内所储存的溶菌酶及抗菌肽等分子来达到消灭病原微生物的目的。Mitta 等(1999，2000)的研究结果也表明，贻贝防御素 MGD 分子主要存在于贻贝的小颗粒细胞及透明细胞中，少量存在于贻贝血清中；贻贝的另一种抗菌肽贻贝素则主要分布于大颗粒细胞及血清中；而贻贝肽则主要分布于血清中。杨丽佳等(2011)为了解厚壳贻贝血细胞和血清抗菌肽分子的组成特点，采用多维高效液相色谱对厚壳贻贝血清及血细胞的抗菌肽进行分离纯化，从中鉴定了多种具有抗菌活性的抗菌肽分子，质谱鉴定结合 cDNA 文库数据分析表明，厚壳贻贝血细胞和血清的抗菌肽主要属于贻贝素和贻贝肽家族，分子质量为 3000~7000Da，血细胞和血清抗菌肽在分子组成、抗菌谱方面均存在差异。

贻贝不同的抗菌肽家族会具有不同抑菌活性。贻贝肽只对革兰阳性菌有抑制作用，对革兰阴性菌抑制作用不明显。贻贝素则对革兰阳性菌和阴性菌均有显著抑制作用。MGD 抗菌肽家族主要抑制革兰阳性菌，对革兰阴性菌除大肠杆菌外作用不明显。此外，同一个抗菌肽家族的不同成员，其抗菌谱也存在差异。例如，贻贝素家族中，贻贝素 B、贻贝素 C 和贻贝素 D 对革兰阳性菌和革兰阴性菌均有抑制活性，而贻贝素 G1 则只对革兰阳性菌有抗菌活性。从整体上看，贻贝的抗菌肽对于革兰阳性菌的抑制作用要强于对革兰阴性菌的抑制作用。

二、牡蛎抗菌肽

牡蛎(*Crassostrea virginica*)中存在防御素样的抗菌肽。第一个防御素样多肽是从牡蛎的鳃中提取出来的，命名为 Cv-Def，含有 38 个氨基酸，包含 6 个半胱氨酸。第二个防御素 Cg-Def 是从长牡蛎(*Crassostrea gigas*)中分离出来的重组表达的 Cg-Def，具有抗革兰阳性菌活性，但对革兰阴性菌和真菌几乎没有活性。

三、扇贝抗菌肽

从海湾扇贝(*Argopecten irradians*)血细胞 cDNA 库中分离到 1 个由 79 个氨基酸组成的大防御素，其 N 端包含 1 个典型的信号肽，C 端的防御素结构域与哺乳动物中性粒细胞的防御素结构域相似，重组表达的海湾扇贝大防御素具有广谱抗菌活性，可以抗革兰阳性菌、革兰阴性菌和部分真菌。

四、螺类抗菌肽

目前，对螺类抗菌肽的研究极少。李晔等(2005)用大肠杆菌诱导从泥螺的血淋巴和分泌的黏液中分离到 2 种抗菌肽，具有较好的热稳定性，对大肠杆菌和金黄色葡萄球菌有较好的抑制作用。唐书明(2008)用乙酸浸提法从淡水福寿螺组织液和肠组织中提取到抗菌肽类物质，分子质量为 5000～7000Da；40～80℃处理 30min，其抗菌活性基本没有变化，90℃处理 30min，抗菌活性略有下降；

在 pH6.5～7.5 的近中性环境中，福寿螺抗菌肽的抗菌活性最强，偏酸性(pH＜6.0)或偏碱性(pH＞8.0)的溶剂环境均可导致福寿螺抗菌肽的抗菌活性降低；福寿螺抗菌肽对大肠杆菌、金黄色葡萄球菌、嗜水气单胞菌、枯草杆菌有较好的抗菌活性，大肠杆菌表面形态结构萎缩，粗糙，内容物外流。杨丽丽等(2013)通过大肠杆菌诱导的方法对中华圆田螺的抗菌肽进行了粗提，结果表明，粗提抗菌肽有明显的抑菌活性，热稳定性好，偏碱性，同时对人的肺腺癌细胞 A549 增殖具有较好的抑制作用。

第五节　水产动物源抗菌肽的基因工程简介

目前，越来越多的水产动物源抗菌肽在不同的表达系统中得到成功表达。

一、原核表达

付百玲等(2006)将对虾抗菌肽 penaeidin-2 克隆至 pET-32a(+)表达载体中，并在大肠杆菌 DE3 中表达，表达产物对革兰阳性菌、革兰阴性菌和抗氨苄青霉素大肠杆菌均有一定的抑菌作用。Zhang 等(2007)在大肠杆菌中表达了具有 WAP 结构域的中国对虾抗菌肽 CruFu，其表达产物对革兰阳性菌具有较强的抑制作用。Amparyup 等(2008)以 pET-28b 作为表达载体，将斑节对虾的Ⅱ型 crustin 的基因进行重组表达，表达产物对革兰阳性菌和革兰阴性菌均具有较强的抑菌活性。郝淼闻等(2009)采用 overlap-PCR 将对虾抗菌肽 PEN-3 和 PEN-4 连接，组成嵌合基因序列，将其克隆表达，表达产物对枯草杆菌和溶藻弧菌具有明显抑制作用。

Moon 等(2007)将泛素作为伴侣分子，与鱼抗菌肽 Piscidins 进行融合，经低温诱导，酵母泛素水解酶处理，获得了相对分子质量、抗菌活性与天然 Piscidins 类似的重组产物。张虹和陶妍(2010)从斑点叉尾鮰肝中克隆了抗菌肽(LEAP-2)，并构建了 pET-32a-IpL-2 的重组表达质粒，并将其转化至大肠杆菌 BL-21，结果表明可溶性融合蛋白得到高效表达。

张钫等(2005)将鲎抗菌肽基因可读框末端添加密码子 Asn，并将其与 pET-28c(+)连接、转化至 BL-21，表达产物在体外表现出较强的抑菌活性。郑伟等(2007)从中国鲎血细胞中扩增抗菌肽 tachyplesin 基因并构建了原核表达载体 pET-KRN，将其在大肠杆菌 DE3 中进行了表达，表达产物对大肠杆菌、金黄色葡萄球菌、枯草杆菌、伤寒沙门菌均有较好的抑菌活性。

二、真核表达

Chen 等(2005)从真鲷脾 cDNA 文库筛选得到一种抗菌肽铁调素基因，确定了真鲷铁调素基因的结构及其在不同组织中表达水平，同时构建了真鲷铁调素表达载体，并首次在酵母中表达，生产了鱼类重组抗菌肽。李伟和陈松林(2008)将大菱鲆铁调素基因成熟肽序列经部分改造后，构建了重组胞内融合表达载体，并在毕赤酵母 SMD1168 中实现了表达。蔡晶晶等(2009)将黑鲷抗菌肽铁调素前体肽和成熟肽基因整合到毕赤酵母基因组中，其表达产物具有很强的热稳定性，且能抑制多种革兰阴性菌和革兰阳性菌的生长。

郑伟等(2007)从中国鲎血细胞扩增抗菌肽 tachyplesin 基因并构建了真核表达载体 pPIC9-KRY，将其在毕赤酵母 GS115 中进行了表达，表达产物对大肠杆菌、金黄色葡萄球菌、枯草杆菌、伤寒沙门菌和李氏杆菌均有较好的抑菌活性，对水霉菌有显著性抑制作用。

Destoumieux 等(1999)将 penaeidin 的基因在酿酒酵母中进行了表达，并比较了体外表达的 penaeidin 与天然的 penaeidin 结构及抗菌活性的差异情况。结果表明，它们在结构上存在差异，酵母表达的 penaeidin 分子末端含有甘氨酸，而天然的 penaeidin C 端甘氨酸被去除形成 β-酰胺；大约 90%的重组 pen-3aQ 的第 1 个氨基酸为谷氨酸，而天然的 pen-3a 的第 1 个氨基酸为焦谷氨酸；抗菌活性相似，都具有广谱抗真菌和革兰阳性菌，但对革兰阴性菌的抗菌活性较弱。

参 考 文 献

安贤惠, 梁建国, 李卫国, 等. 2006. 中国对虾中抗菌短肽的分离纯化与功能分析. 中国水产科学, 13(6): 1012-1016.

蔡晶晶, 杨明, 蔡灵, 等. 2009. 黑鲷抗菌肽 Hepeidin 在毕赤酵母中的表达及其抗菌活性. 厦门大学学报(自然科学版), 48(5): 738-743.

付百玲, 徐进平, 孟小林, 等. 2006. 对虾肽 Penaeidin-2 在大肠杆菌中的融合表达及其抗细菌活性. 武汉大学学报(理学版), 52(6): 739-744.

郝淼闻, 范立强, 刘一, 等. 2009. 对虾抗菌肽 PEN-3 和 PEN-4 嵌合基因在大肠杆菌中的表达及抗菌活性测定. 食品与药品, 11(9): 1-4.

李伟, 陈松林. 2008. 大菱鲆抗菌肽基因酵母表达载体的构建及表达. 长江大学学报(自然科学版), 5(4): 61-66.

李晔, 苏秀榕, 李太武. 2005. 泥螺抗菌肽的初步研究. 台湾海峡, 24(2): 145-149.

唐书明. 2008. 福寿螺抗菌肽的分离纯化及其抗菌效果的研究. 福州: 福建农林大学硕士学位论文.

相建海. 2001. 海水养殖生物病害发生与控制. 北京: 海洋出版社: 111-117.

肖湘, 俞丽君, 张尔贤. 2000. 贻贝清除自由基作用的体外实验研究. 食品科学, 21(8): 16-18.

谢海伟, 文冰, 孙兰萍, 等. 2010. 鲎素抗菌肽饲喂小鼠对小鼠肠道微生物菌群的影响. 中国微生态学杂志, 22(11): 982-987.

杨丽佳, 武梅, 王信超, 等. 2011. 厚壳贻贝血细胞及血清抗菌肽的分析. 中国农学通报, 27(23): 58-64.

杨丽丽, 王斌, 朱化化, 等. 2013. 中华圆田螺抗菌肽理化性质及抑癌活性测定. 食品研究与并发, 34(20): 5-9.

张钫, 郑伟, 韩文瑜. 2005. 鲎抗菌肽 Polyphemusin Ⅱ基因的改造、克隆及其在大肠杆菌中的表达. 新疆农业科学, 42(增): 31-34.

张虹, 陶妍. 2010. 斑点叉尾鮰(*Ictalurus purwtatus*) 肝脏表达的抗菌肽-2(LEAP-2)在 *E. coli* 中的融合表达. 上海交通大学学报(农业科学版), 28(1): 70-75.

郑伟, 韩文瑜, 韩俊友, 等. 2007. 中国鲎(*Tachypleus tridentatus*)基因工程抗菌肽的制备及其抗菌活性. 中国兽医学报, 27(2): 211-213, 217.

Adams A. 1991. Response of penaeid shrimp to exposure to *Vibrio* species. Fish and Shellfish Immunol, 1(1): 59-70.

Amparyup P, Kondo H, Hirono I, *et al.* 2008. Molecular cloning, genomic organization and recombinant expression of a crustin-like antimicrobial peptide from black tiger shrimp Penaeus monodon. Mol Immunol, 45 (4) : 1085-1093.

Bachère E, Destoumieux D, Bulet P. 2000. Penaeidins, antimicrobial peptides of shrimp: a comparison with other effectors of innate immunity. Aquaculture, 191 (1) : 71-88.

Chen S L, Xu M Y, Ji X S, *et al.* 2005. Cloning, characterization, and expression analysis of hepcidin gene from red sea Bream (*Chrysophrys major*). Antimicrob Agents Chemother, 49 (4) : 1608-1612.

Chisholm J R S, Smith V J. 1995. Comparison of antibacterial activity in the hemocytes of different crustacean species. Comparative Biochemistry and Physiology Part A: Physiology, 110 (1) : 39-45.

Cuthbertson B J, Bullesbach E E, Fievet J, *et al.* 2004. A new class (penaeidin class 4) of antimicrobial peptides from the Atlantic white shrimp (*Litopenaeus setiferus*) exhibits target specificity and an independent proline-rich-domain function. Biochem J, 381 (Pt1) : 79-86.

Destoumieux D, Bulet P, Loew D, *et al.* 1997. Penaeidins, a new family of antimicrobial peptides isolated from the Shrmip *Penaeus vannamei* (Decapoda). J Biol Chem, 272 (45) : 28398-28406.

Destoumieux D, Bulet P, Strub J M, *et al.* 1999. Recombinant expression and range of activity of penaeidins, antimicrobial peptides from penaeid shrimp. Eur J Biochem, 266 (2) : 335-346.

Destoumieux D, Munoz M, Cosseau C, *et al.* 2000. Penaeidins, antimicrobial peptides with chitin-binding activity, are produced and sstored in shrimp granulocytes and released after microbial challenge. Journal of Cell Science, 113 (Pt3) : 461-469.

Destoumieux-Garzon D, Saulner D, Garnier J, *et al.* 2001. Antifungal peptides are generated from the C terminus of shrimp hempcyanin in response to microbial challenge. The Journal of Biological Chemistry, 276 (50) : 47070-47077.

Evans E E, Painter B, Evans M L, *et al.* 1968. An induced bactericidin in the spiny lobster, *Panulirus argus*. Exp Biol Med, 128 (2) : 394-398.

Falco A, Brocal I, Perez L, *et al.* 2008. In vivo modulation of the rainbow trout (*Oncorhynchus mykiss*) immune response by the human alpha defensin 1, HNP1. Fish Shellfish Immunol, 24 (1) : 102-112.

Gross P S, Bartlett T C, Browdy C L, *et al.* 2001. Immune gene discovery by expressed sequence tag analysis of hemocytes and hepatopancreas in the Pacific White Shrimp, Litopanoeus vannamei, and the Atlantic White Shrimp, L. setiferus. Development and Comparativve Immunology, 25 (7) : 565-577.

Jayasankar V, Subramoniam T. 1999. Antibacterial activity of seminal plasma of the mud crab *Scylla serrata* (Forskal). Journal of Experimental Marine Biology and Ecology, 236 (2) : 253-259.

Jiravanichpaisal P, Lee S Y, Kim Y A, *et al.* 2007. Antibacterial peptides in hemocytes and hematopoietic tissue from freshwater crayfish *Pacifastacus leniusculus*: characterization and expression pattern. Dev Comp Immunol, 31 (5) : 441-455.

Kawabata S, Saito T, Saeki K, *et al.* 1997. cDNA cloning, tissue distribution, and subcellular localization of horseshoe crab big defensin. Biol Chem, 378 (3-4) : 289-292.

Khoo L H, Robinette D W, Noga E J. 1999. Callinectin, an antibacterial peptide from the blue crab *Callinectes sapidus*, hemocytes. Mar Biotechnol, 1 (1) : 44-51.

Lauth X, Shike H, Burns J C, *et al.* 2002. Discovery and characterization of two isoforms of moronecidin, a novel antimicrobial peptide from hybrid striped bass. The Jornal of Biological Chemistry, 277 (7) : 5035-5039.

Lee S Y, Lee B L, Soderhall K. 2003. Processing of an antibacterial peptide from hemocyanin of the freshwater crayfish *Pacifastacus leniusculus*. J Biol Chem, 278 (10) : 7927-7923.

Mitta G, Hubert F, Dyrynda E A, *et al.* 2000. Mytilin B and MGD2, two antimicrobial peptides of marine mussels: gene structure and expression analysis. Dev Comp Immunol, 24 (4) : 381-393.

Moon W J, Hwang D K, Park E J, *et al.* 2007. Recombinant expression, isotope labeling, refolding, and purification of an antimicrobial peptide, piscidinv. Protein Expr Purif, 51 (2) : 141-146.

Muta T, Miyata T, Tokunaga F, *et al.* 1987. Primary structure of anti-lipopolysaccharide factor from American horseshoe crab, *Limulus polyphemus*. J Biochem, 101 (6) : 1321-1330.

Noga E J, Arroll T A, Fan Z. 1996. Specificity and some physiochemical characteristics of the antibacterial activity from he blue crab *Callinectes sapidus*. Fish and Shellfish Immunol, 6 (6) : 403-412.

Oren Z, Shai Y. 1996. A class of highly potent anfibacterial peptides derived from pardaxin, a pore-forming peptide isolated frommoses sole fish *Pardachirus marmoratus*. Eur J Biochem, 237 (1) : 303-310.

Pan J Z, Kurosky A, Xu B, *et al*. 2000. Broad antiviral activity in tissues of crustaceans. Antiviral Res, 48 (1) : 39-47.

Park C B, Lee J H, Park I Y, *et al*. 1997. A novel antimicrobial peptide from the loach, Misgumus anguillicaudatus. FEBS Lett, 411 (2-3) : 173-178.

Park I Y, Park C B, Kim M S, *et al*. 1998. Parasin I, an antimicrobial peptide derived from histone H2A in the catfish, *Parasilurus asotus*. FEBS Letters, 437 (3) : 258-262.

Pipe R K. 1990. Hydrolytic enzymes associated with the granular haemocytes of the marine mussel *Mytilus edulis*. Histochem J, 22 (11) : 595-603.

Pisuttharachai D, Fagutao F F, Yasuike M, *et al*. 2009. Characterization of crustin antimicrobial proteins from Japanese spiny lobster *Panulirus japonicus*. Dev Comp Immunol, 33 (10) : 1049-1054.

Relf J M, Chisholm J R S, Kemp G D, *et al*. 1999. Purification and characterization of a cysteine-rich 11.5-kDa antibacterial protein from the granular haemocytes of the shore crab, *Carcinus maenas*. Eur J Bioch em, 264 (2) : 350-357.

Richards C R, O'neil D B, Thibault P, *et al*. 2001. Hisotne H1: an antimicrobial protein of Atlantic Salmon (*Salmo salar*) . Biochemical and Biophysical Research Communications, 284 (3) : 549-555.

Saito T, Kawabata A I, Shigenaga T, *et al*. 1995. A novel big degensin identified in horseshoe crab hemocytes: isolation, amino acid sequence, and antibacterial activity. J Biochen, 117 (5) : 1131-1137.

Schnapp D, Kemp G D, Smith V J. 1996. Purification and characterization of a proline-rich antibacterial peptide, with sequence similarity to bactenecin 7, from the haemocytes of the shore crab, *Carcinus maenas*. Eur J Biochem, 240: 532-539.

Shanthi S, Vaseeharan B. 2012. cDNA cloning, characterization and expression analysis of a novel antimicrobial peptide gene penaeidin-3 (Fi-Pen3) from the haemocytes of Indian white shrimp Fenneropenaeus indicus. Microbiol Res, 167 (3) : 127-134.

Silphaduang U, Noga E J. 2001. Peptide antibiotics in mast cells of fish. Nature, 414 (6861) : 212: 268-269.

Stensvag K, Haug T, Sperstad S V, *et al*. 2008. Arasin 1, a proline-arginine-rich antimicrobial peptide isolated from the spider crab, *Hyas araneus*. Developmental and Comparative Immunology, 32 (3) : 275-285.

Stewart J E, Zwicker B M. 1972. Natural and induced bactericidal activities in the hemolymph of the lobster, *Homarus americanus*: products of hemocyte-plasma interaction. Can J Microbiol, 18 (9) : 1499-1509.

Wang Y D, Kung C W, Chi S C, *et al*. 2010. Inactivation of nervous necrosis virus infecting grouper (Epinephelus coioides) by epinecidin-1 and hepcidin 1-5 antimicrobial peptides, and downregulation of Mx2 and Mx3 gene expressions . Fish and Shellfish Immunol, 28 (1) : 113-120.

Zhang J, Li F, Wang Z, *et al*. 2007. Cloning and recombinant expression of a crustin-like gene from Chinese shrimp, Fenneropenaeus chinensis. J Biotechnol, 127 (4) : 605-614.

第十一章　两栖动物源抗菌肽

在脊椎动物演化过程中，两栖动物是由水生到陆生的过渡型，其中很多物种具有食用或药用价值。在这个进化过程中，两栖动物形成了一些特殊的防御系统。两栖动物皮肤光滑、裸露，没有鳞片、甲壳和毛发的保护，但能分泌具有良好保护作用的皮肤黏液，皮肤黏液中含有大量分子结构特殊、功能复杂多样的抗菌活性物质。从 20 世纪 70 年代起，国外学者就开始大规模地从两栖动物皮肤分泌液中寻找具有药用价值的活性物质。迄今，各国学者已从 700 多种两栖动物中分离获得 200 多种生物碱、100 多种皮肤抗菌活性多肽和 30 多种生物活性胺。有人预测，数十万种抗菌肽存在于 5000 多种的两栖动物中(Conlon *et al.*，2004)。其中一部分抗菌活性多肽及其化学结构修饰物已在临床上得到了应用。两栖动物皮肤抗菌肽具有高效、广谱、不易产生耐药性等特点。在耐抗生素病原菌株大量涌现的今天，这类皮肤抗菌肽有望成为新一代的临床抗菌药物。

第一节　两栖动物源抗菌肽的分类

根据结构特点，将这类抗菌肽分为两类：具有 α 螺旋结构的线性抗菌肽和含有分子内二硫键的环状抗菌肽。

一、线性抗菌肽

线性抗菌肽具有很强的杀菌活性。该类肽无二硫键，在疏水或膜环境中易表现为水脂两亲性 α 螺旋构象。bombinin 是第 1 个两栖动物来源的 α 螺旋肽。研究发现，约有 50%的无尾目 α 螺旋抗菌肽 C 端存在酰胺化现象，还有一些通过非常规的翻译后修饰，序列中引入了 D-型氨基酸，如来源于 bombinin H 的 α 螺旋肽含有 D-亮氨酸或 D-异亮氨酸。研究表明，α 螺旋结构是抗菌肽具有杀菌功能的重要结构。许多抗菌肽发生氨基酸残基的替换后，若有利于两亲性 α 螺旋结构的形成，则其抗菌活性一般会相应提高，且 α 螺旋结构越稳定，其抗菌活性也越强。

二、环状抗菌肽

环状抗菌肽的 C 端含有 2 个半胱氨酸残基，形成 1 个分子内二硫键。这种类型的抗菌肽在溶液中一般形成 β 发夹样结构，链内二硫键形成的环对维持抗菌肽的活性至关重要，打开 β 发夹样环会导致其抗菌活性的丧失。同样也存在翻译后修饰，如 C 端酰胺化(如 tigerinin、tigerinin-1R)。绝大多数抗菌肽均由单个多肽链组成，但抗菌多肽 distinctin 是由分子间二硫键连接形成的异二聚结构，在动物肽中极少见，是一类完全新型的两栖动物皮肤活性肽。

第二节　两栖动物源抗菌肽的生物学活性

一、抗菌活性

两栖动物皮肤抗菌肽具有抗革兰阳性菌、革兰阴性菌和真菌的能力。很多皮肤抗菌肽在极低的浓度就显示出强大而广谱的抗菌活性。例如，来自中国大蹼铃蟾的抗菌肽 maximin 3 在 1.5μg/ml 的水平时就可以完全抑制大肠杆菌、巨大芽胞杆菌及痢疾杆菌的生长。maximin 3 对白色念珠菌亦显示出抑制作用，其最小抑菌浓度为 15μg/ml，且无溶血活性，现已作为抗菌药物的基因工程产品进入 2~3 期临床研究。潘朋朋等(2011)对光滑爪蟾、中国林蛙、东北林蛙和中华大蟾蜍 4 种两栖动物皮肤分泌物的抗菌活性进行了比较研究，发现不同种类两栖动物皮肤抗菌肽的生物活性存在一定差异。除个别菌株外，4 种两栖动物皮肤分泌物对大部分试验菌株均具有不同程度的抑菌活性，其中光滑爪蟾皮肤分泌物抑菌活性最强，中华大蟾蜍的皮肤分泌物抑菌活性最弱，并且没有检测出对大肠杆菌菌株的抑菌活性。

二、抗肿瘤活性

来源于非洲爪蟾的抗菌肽 magainin 及来源于中国大蹼铃蟾的抗菌肽 maximin 3 在微摩尔浓度水平就对肿瘤细胞具有杀伤作用，并且 magainin 对正常细胞没有影响，对肿瘤细胞却有选择性的杀伤作用。这种选择性的杀伤作用可能与肿瘤细胞的细胞结构、代谢方式和正常细胞不同有关。另外，由于铃蟾肽及其受体在多种肿瘤细胞有高浓度分布，因此其在肿瘤发生和抗肿瘤研究方面引起了学者极大的关注。

三、抗癌活性

来源于 *L. aurea* 和 *L. raniformis* 两种蛙的 aurein 家族显示了广谱抗癌活性。此家族的抗菌肽对人体约 90%的癌细胞都有中等程度的抑制作用，对癌细胞的半致死量是 10^{-5}~10^{-4}mol/L (1×10^{-5}mol/L 相当于 15μg/ml)。Roaek 等(2000)将抗癌肽 aurein 1.2 和 aurein 3.2 分别作用于人体红细胞和癌细胞，发现当浓度达到 100μg/ml 时，能够杀死癌细胞，但对红细胞没有明显的影响，只有当 aurein 1.2 和 aurein 3.2

的浓度达到 1mg/ml 时，红细胞才被完全溶解。

四、抗病毒活性

来源于中国大蹼铃蟾皮肤的抗菌肽 maximin 3 在浓度为 1.5μg/ml 时对抗艾滋病病毒的选择系数为 7.6，这是首次报道的两栖动物来源的抗艾滋病病毒抗菌肽。另外，从南美叶泡蛙皮肤得到的抗菌肽对疱疹病毒也显示强烈的抑制作用。

五、抗精子作用

来源于中国大蹼铃蟾皮肤的抗菌肽 maximin 1 和 maximin 3 在浓度为 100μg/ml 时可以抑制 80%精子细胞的活力。来源于非洲爪蟾的抗菌肽 magainin 在相同的浓度条件下也显示相似的精子制动活性。目前国际上一些公司和研究机构正在尝试把这些抗菌肽应用于避孕。

六、溶血活性

来源于中国大蹼铃蟾的抗菌肽 maximin H 和东方铃蟾的抗菌肽 bombinin H 显示了强烈的红细胞溶解活性。maximin H 在 50μg/ml 时就可以导致兔红细胞 100%的溶解。

七、细胞凋亡

从两栖动物 *Pseudis paradoxa* 得到的抗菌肽 pseudin 对控制蝌蚪尾部形态变化的细胞凋亡具有调节作用。pseudin 在结构上与一种细胞凋亡因子 DEFT 的一段区域显示出很高的相似性，而后者可以调节哺乳动物精原细胞的细胞凋亡。

第三节 两栖动物源抗菌肽举例

一、蛙科两栖动物源抗菌肽

蛙科(Ranidae)是无尾目的第 3 大科，有 50 余属 650 余种，是分布最广泛的两栖动物，几乎遍及各大洲，占据着不同的生态位。为适应特定环境，蛙科两栖动物皮肤抗菌肽在种类和数量等方面都是极其惊人的。除在树蛙(*R. sylvatia*)的皮肤分泌物中只分离出一种抗菌肽(brevinin-1)外，其他蛙科动物大多都可以合成和分泌多种有活性的组分。例如，梭蛙(*R. palustris*)的皮肤分泌物包含至少 22 种抗菌肽。对东北林蛙(*R. dybowskii*)抗菌肽研究表明，一只个体可以同时编码表达多达 12 种的成熟抗菌肽。这些肽起源于共同的祖先，在进化过程中，基因进行了多重复制和突变，几乎所有得到的肽在模拟膜的溶剂中都是疏水的、带正电荷的，

并且以一种两亲性 α 螺旋的构象存在。根据结构、序列的相似性，Conlon 等（2004）将蛙科抗菌肽分成 brevinin-1、brevinin-2、esculentin-1、esculentin-2、temporin、ranalexin、ranatuerin-1、ranatuerin-2、plaustrin、tigerinin、japonicin、nigrocin 和蜂毒肽相关肽等 13 个家族。

1. brevinin-1 家族

brevinin-1 家族抗菌肽是从日本沼蛙（*R. brevipoda porsa* Kawamura）的皮肤中分离得到的，其家族成员在多数的北美、欧亚蛙科两栖动物中均有分布。该家族肽基本由 24 个氨基酸残基组成，一级结构和二级结构较保守，N 端第 14 位多为 Pro 残基，结构和功能相关性研究得知这个残基在分子中产生一种稳定的纽结，这种特性可能在跨膜孔道形成方面起着重要的作用。在 brevinin-1 家族肽的 C 端具有保守性 7 肽序列：Cys-3*X*-Lys/Arg-Lys-Cys，2 个半胱氨酸间形成分子内二硫键，使其在 C 端形成一个 7 肽的保守环状结构，称 Rana-box 结构。使用圆二色谱研究表明，brevinin-1 在水溶液中是以随机卷曲的形式存在的，而在 50%的三氟代乙醇模拟膜溶液中，其构象结构为伸展的 α 螺旋。

对东北林蛙皮肤抗菌肽 cDNA 文库进行克隆测序分析，并结合对分泌物的质谱鉴定结果，得到 4 种 brevinin-1 抗菌肽序列。不同的是，它们仅由 20 个氨基酸残基构成，第 4、第 7、第 11 和第 12 位氨基酸残基缺失，其 C 端具有典型的 brevinin-1 的 Rana-box 结构，氨基酸序列同源性分析显示，它们与 brevinin-1 具有较高的序列一致性，序列中保留了 brevinin-1 中保守的氨基酸残基（Ala9、Cys18、Lys23 和 Cys24）及 14 位 Pro（图 11-1）。

	10 20	
brevinin-1 CDYa/-20	FLS - LA - LAA - - LPKLFC L I F KKC	*R. dybowskii*
brevinin-1 CDYc/-20	FLS - LA - LAA - - LPKFLC LV F KKC	*R. dybowskii*
brevinin-1 CDYb/-20	FLS - LA - LAA - - LPKLFC L I F KKC	*R. dybowskii*
brevinin-1/1-24	FLPV LAG I AAKVVPAL FC K I T KKC	*R. brevipoda porsa*
brevinin-1 PLc/1-24	FLPV LAGVAAKFLPK I FC A I T KKC	*R. palustris*

图 11-1　东北林蛙、日本沼蛙和梭蛙皮肤 brevinin-1 家族抗菌肽序列同源对比分析图

brevinin-1 抗菌肽具有广谱的抗细菌和真菌能力，同时从日本沼蛙中得到的 brevinin-1 还具有抗 I 型和 II 型疱疹病毒活性。但 brevinin-1 同时也具有很强的溶血活性，如从池蛙（*R. esculenta* Linneaus）中得到的 brevinin-1E 的溶血活性（HC50）小于 1μmol/L，这将限制其在治疗方面的应用前景。线性化的 brevinin-1 可以降低溶血活性而不影响其抗菌活性。Conlon 等（2005）从竖琴蛙（*R. okinavana* Boettger）中鉴定了 4 个 brevinin-1 的相关肽，当 C 端环状结构被酰胺化修饰替代时，仍可以抑制大肠杆菌和金黄色葡萄球菌的生长，表明环状结构对抗菌活性不是必需的。Kwon（1998）对 brevinin-1 的结构、活性相关性研究表明，线性的乙酰胺基半胱氨酸甲脂基 brevinin-1 类似物可以减少溶血活性，但不影响其抑菌活性，并且 brevinin-1 在还原和羧胺甲基化后仍然拥有抗病毒活性。Kumari 和 Nagaraj（2001）

研究表明，将其 C 端七肽环形结构域移到肽链分子中间区域，同样可以减少溶血活性，且不影响它的抗菌活性。

2. brevinin-2 家族

brevinin-2 最早从日本沼蛙的皮肤中被分离鉴定。迄今为止，已经在亚洲和欧洲的多种蛙科动物中被纯化得到，包括从韩国粗皮蛙中分离的 gaegurin 1~gaegurin 3、从日本粗皮蛙中分离的 rugosin A 和 rugosin B。brevinin-2 家族成员为 33 个氨基酸残基的抗菌肽，同源对比分析显示，无论在种间还是种内，brevinin-2 家族成员间的一级结构变异较大，只有 4 个保守氨基酸残基(Lys15、Cys27、Lys28 和 Cys33)。从池蛙和腹斑蛙中得到的 brevinin-2，对革兰阴性菌和大肠杆菌具有强抑菌活性(MIC＜10μmol/L)，对革兰阳性菌、金黄色葡萄球菌和真菌、白色念珠菌也有抑制活性。相对于 brevinin-1 家族而言，brevinin-2 家族的溶血活性较小。

3. esculentin-1 和 esculentin-2 家族

esculentin-1 和 esculentin-2 首先是从欧洲池蛙的皮肤中分离得到的。esculentin 也可从多种北美蛙(如梭蛙和隙穴蛙等)和亚洲粗皮蛙、竹叶臭蛙等的皮肤分泌物中纯化得到。与 brivinin-1、brivinin-2 一样，esculentin-1 和 esculentin-2 均为环状肽，即在分子的 C 端有 2 个保守的半胱氨酸形成的分子内二硫键，使 C 端形成一个 7 肽的环形结构，其中，esculentin-1 为 46 个氨基酸残基的抗菌肽。与 brevinin 相比，目前已知的 esculentin-1 家族成员一级结构保守，只存在少数相似极性的氨基酸残基之间的替代，阳离子氨基酸及环状结构域的 7 个氨基酸非常保守。esculentin-1 对大肠杆菌、金黄色葡萄球菌、铜绿假单胞菌和白色念珠菌等多种致病菌均有很强的抑制力(MIC＜1μmol/L)，在医药领域有着十分广阔的应用前景。

esculentin-2 家族的成员为 37 个氨基酸残基的抗菌肽，与 esculentin-1 相比，esculentin-2 家族的成员间有较多的氨基酸替代，但多数发生在性质相近的氨基酸间，阳离子氨基酸和半胱氨酸保守。esculentin-2 具有广谱的抗菌活性，对大肠杆菌和金黄色葡萄球菌都有强抑制力(MIC＜10μmol/L)，同时对白色念珠菌也具有一定的抑制力(MIC 为 30~50μmol/L)。

4. ranalexin 家族

ranalexin 最早是 Clark(1994)从北美牛蛙蝌蚪的抽提物中分离得到的，在变态期和成熟期均有表达。ranalexin 只在北美牛蛙的近缘种(猪蛙和绿蛙)中有分布。ranalexin 为 20 个氨基酸残基肽，含有 1 个分子内二硫键，也在 C 端形成一个疏水的 7 肽环状结构。3 个物种中的 ranalexin 只存在少数疏水氨基酸的替代，一级结构较保守。在水中，不能形成 ranalexin 的氧化和还原的构象，在 30%的三氟乙酸中，分子的中部区域为 α 螺旋构象。

ranalexin 对临床分离得到的革兰阳性菌(包括耐甲氧西林金黄色葡萄球菌、表皮葡萄球菌和肺炎链球菌)具有广谱的超强抗菌活性，但对一些在临床上非常重要的革兰阴性菌株(如铜绿假单胞菌和奇异变形菌)却没有活性。ranalexin 抗肠寄生虫小球隐孢子虫的活性比较低，但当与传统的抗生素，如拉沙洛西和阿奇霉素一起使用时，其活性将会显著增强。与此类似，ranalexin 和头孢唑啉联合使用，可以阻止表皮葡萄球菌对鼠模型血管假体移植的感染。

5. ranatuerin-1 家族

ranatuerin-1 家族抗菌肽在北美牛蛙、猪蛙和绿蛙的皮肤中被发现。ranatuerin-1 具有 25 个氨基酸残基，分子 C 端含有 7 肽构成的环状结构域。在已知的家族成员之间，肽的一级结构保守，只有个别氨基酸替代。使用圆二色谱研究发现，ranatuerin-1 和大多数蛙皮肤抗菌肽相似，在水溶液中以随机卷曲的形式存在，在 50%的三氟代乙醇溶液中为 α 螺旋构象。与 ranalexin 相似，用丝氨酸来替代 ranatuerin-1 的半胱氨酸残基，对其构象和生物活性影响较小，表明环状结构对 ranatuerin-1 的生理活性影响不大。结构预测显示，ranatuerin-1 由 α 螺旋(残基 1~8)、β 片层(残基 11~16)和 β 翻转(残基 20~25)3 个结构域组成。用赖氨酸残基替代 10 位、13 位和 15 位的甘氨酸残基破坏 β 片层结构，可使其抗菌活性显著降低，表明 β 片层结构在 ranatuerin-1 的抗菌活性中具有重要作用。

6. ranatuerin-2 家族

ranatuerin-2 家族首先在北美牛蛙的皮肤中得到鉴定。此家族抗菌肽在北美、亚洲蛙中有广泛的分布。目前已鉴定的 ranatuerin-2 家族成员氨基酸残基数为 28~31 不等，其一级结构变异较大，典型的 ranatuerin-2 肽链 N 端 Gly/Ser1、Ala15、Lys22 相对保守，C 端的一致序列 Cys27-Lys28-*X*-Try30-Gly31-Cys32 由分子内二硫键形成六肽环形结构。ranatuerin-2 家族成员氨基酸序列的多样性使其富有广谱的抗菌活性，如 ranatuerin-2 对大肠杆菌的最小抑菌浓度(MIC)为 2μmol/L(ranatuerin-2Cb)~30μmol/L(ranatuerin-2Ara)，对金黄色葡萄球菌的 MIC 从 2μmol/L(ranatuerin-2B)到大于 200μmol/L(ranatuerin-2ARa)，而对白色念珠菌的抑菌活性普遍很低，但 ranatuerin-2B 对白色念珠菌的 MIC 为 35μmol/L。ranatuerin-2 对人类红细胞的溶血活性(HC50)为 35μmol/L(ranatuerin-2Ga)~200μmol/L(ranatuerin-2Byb)。

7. temporin 家族

temporin 首先是从欧洲池蛙和欧洲林蛙的皮肤中得到鉴定，在北美和欧亚大陆的蛙中广泛分布。目前已经分离鉴定了 40 多个家族成员，成员间肽链长度及结构变异较大，活性多样。尽管如此，temporin 在结构和性质等方面仍具有如下共同特点：①它是目前自然界中发现的比较小的两亲性 α 螺旋抗菌肽，由 10~14 个氨基酸残基组成，肽分子中包含 1 个基本氨基酸残基(Lys 或 Arg)。②不同于 brevinin、ranalexin、ranatuerin 和 esculentin 家族抗菌肽，temporin C 端不含有“Rana-box”7 肽环结构，而为 α-酰胺化修饰。③相对于其他阳离子抗菌肽，多数 temporin 在中性环境中仅带 1~3 个正电荷。从东北林蛙皮肤得到的 3 个成熟肽 temporin-CDYa、temporin-CDYb 和 temporin-CDYc 与从欧洲林蛙中得到的 temporin-10d（FLPLLASL FSGLF.NH2）和从日本林蛙中得到的 temporin-1Ja 相似，分子中缺少 temporin 的基本氨基酸残基（Lys 或 Arg），理化性质分析显示，在中性环境中，呈弱酸性。temporin-1Dya 是从日本棕蛙中分离鉴定的，与典型 temporin 序列差异较大，由 15 个氨基酸残基构成，其肽前体 C 端为 Gly-Gly，而不是 Gly-Lys，因此可直接进行酰胺化修饰，属于 tempori 家族。④功能多样性。temporin 的分子多样性决定了其功能的多样性，一些 temporin 如 temporin-1 具有抗细菌、病毒、真菌、酵母、原虫等多种生物的活性，MIC 从 1μmol/L 到大于 100μmol/L 不等；另一些 temporin 还具有免疫调节、抗移植感染、抗败血症、杀伤肿瘤细胞等多种生理活性。对 temporin A 的结构和活性的研究表明，疏水的 N 端残基、第 7 位的带正电荷氨基酸残基及第 5 位和第 12 位的疏水氨基酸残基对抗菌活性有重要作用，用亮氨酸来替代异亮氨酸残基可以提高抗菌活性，但 temporin-10d 分子中没有正电荷氨基酸，依然有较强的抑菌活性，其对金黄色葡萄球菌的最小抑菌浓度是 13μmol/L。通过 temporin 与不同磷脂组成的脂质体相互作用的研究表明，其抗菌机制是通过形成跨膜孔道，最终导致细菌死亡。

8. palustrin 家族

Conlon 等（2005）对梭蛙的皮肤分泌物进行电刺激，得到 palustrin-1、palustrin-2 和 palustrin-3 三种抗菌肽，它们与蛙科动物中已鉴定的其他抗菌肽序列及结构相似性很小。palustrin 家族肽的 C 端具有分子内二硫键连接而成的六肽环。此家族抗菌肽结构保守，其中 palustrin-1 家族抗菌肽是由 27 或 28 个氨基酸残基构成，含有较多疏水氨基酸，带 5 个正电荷；palustrin-2 和 palustrin-3 分别含有 31 和 48 个氨基酸残基，palustrin-3 的 N 端区域与 esculentin-1 的序列相似，但与后者不同，它只对大肠杆菌有抑菌活性，对金黄色葡萄球菌没有抑菌活性。目前为止，palustrin-1 和 palustrin-3 只在梭蛙和竹叶蛙中被鉴定得到，而 palustrin-2 只在梭蛙及其近缘种隙穴蛙的皮肤分泌物中分离得到。使用圆二色谱研究显示，在 10mmol/L 磷酸钠缓冲液中（pH7.0），palustrin-3ARa 以随机卷曲的形式存在，在 50%的三氟代乙醇溶液中，呈现 α 螺旋构象。

9. tigerinin 家族

tigerinin 是 11~12 个氨基酸残基构成的环形小肽，同时具备 C 端酰基化修饰的肽家族，具有广谱的抗菌活性，目前，只在印度虎纹蛙的皮肤分泌物中被鉴定得到。使用圆二色谱研究显示，tigerinin 在 HEPES 缓冲液中是以无规则卷曲和 β 转角构象混合存在的。用亮氨酸或 α-氨基异丁酸替代半胱氨酸残基，可使其完全丧失抑菌活性，推测线性化的 tigerinin 不能形成 β 转角构象，而此结构是肽对膜的通透作用所必需的。通过赖氨酸残基替代苏氨酸残基，来提高肽的阳离子数可以提高其抗菌能力；相反，以 COOH 集团替代 C 端 $CONH_2$，减少肽的阳离子数可以导致其活性丧失。

10. japonicin-1 和 japonicin-2 家族

Isaacson 等(2002)从日本林蛙的皮肤中鉴定了两种肽：japonicin-1 和 japonicin-2，它们与蛙科其他家族抗菌肽氨基酸序列相似性较小。与其他环形肽不同，japonicin-2 的环形区域是由 8 个残基构成的，在 50%三氟代乙醇溶液中为 α 螺旋构象，对大肠杆菌和金黄色葡萄球菌都有抑制活性，最小抑菌浓度分别为 12μmol/L 和 20μmol/L。japonicin-1 的 C 端为普通的七肽环形结构域，与 brevinin-2 有一定的结构相似性，但它只对大肠杆菌有活性，最小抑菌浓度为 20μmol/L。Kim 等(2007)从分布在韩国的东北林蛙皮肤分泌物中鉴定出 japonicin-2 类似肽，具有广谱抗菌活性及高溶血活性。

11. nigrocin-2 家族

Park 等(2001)最初从分布于韩国的黑斑蛙皮肤中分离得到了两种具有抗菌活性的肽，命名为 nigrocin-1 和 nigrocin-2，其中 nigrocin-1 是 brevinin-2 家族成员。Zhou 等(2006)从大绿蛙皮肤中鉴定出 2 个 nigrocin-2 抗菌肽，nigrocin-2 和其他的蛙科抗菌肽有很小的结构相似性，长度为 20 或 21 个氨基酸残基。在 50%三氟代乙醇溶液中，nigrocin-2 肽 3~18 位的肽段为两亲性 α 螺旋构象。nigrocin-1 和 nigrocin-2 都具有抗革兰阳性菌、革兰阴性菌及白色念珠菌的活性，且都不具有溶血活性。

12. 蜂毒肽相关肽

Conlon 等(2003)从田子蛙、日本林蛙和溪赤蛙皮肤中分离得到的一类与蜂毒肽有较高序列同源性的肽，命名为蜂毒肽相关肽(melittin-related peptide，MRP)。MRP 表现出广谱的抗细菌和抗酵母菌的活性，溶血性是蜂毒肽的 1/13，但不同于蜂毒肽，MRP 没有抗病毒活性。

13. dybowskin-1 和 dybowskin-2 家族

从东北林蛙中得到的抗菌肽 dybowskin-1CDYa 由 13 个氨基酸残基构成，属于较短的抗菌肽之一，带正电荷，不具有酰胺化修饰，与 temporin 家族明显不同。从东北林蛙中得到的另一个抗菌肽 dybowskin-2CDYa 与其他蛙类抗菌肽氨基酸组成和序列的相似性很小，由 18 个氨基酸残基构成，含有 7 个带正电荷氨基酸，呈强碱性。

二、蟾蜍源抗菌肽

buforin 是从亚洲蟾蜍的胃腺中分离到的，是组蛋白 H2A 经胃蛋白酶水解而来的(Kim *et al.*，2000)。buforin Ⅰ由胃蛋白酶 C 的同工酶 Cb 和 Ca 裂解 H2A 的 Tyr39-Ala40 间肽键而来，是 39 个氨基酸组成的单链多肽，其序列为

AGRGKQGGKV RAKAKTRSSR AGLQFPVGRV HRLLRKGNY。buforin Ⅱ是由buforin Ⅰ在胞内蛋白酶Lys-C的作用下裂解而来，是buforin Ⅰ从Thr16到Lys36共21个氨基酸残基的烈性抗菌肽，其序列为TRSSRAGLQF PVGRVHRLLR K。两者抗菌活性都很强，其中buforin Ⅱ的抗菌活性较buforin Ⅰ更强。buforin Ⅱ属于两亲性抗菌肽，C端区域是组蛋白H2A DNA结合基序的一部分，其中脯氨酸铰链赋予buforin Ⅱ具有细胞穿透能力。buforin Ⅱ在不损坏细胞膜的情况下迅速进入细胞，并以很强的亲和力结合于胞内大分子DNA和RNA，buforin Ⅱ无序列特异性地结合于DNA大沟，使细菌死亡。buforin Ⅱb(RAGLQFPVG$[RLLR]_3$)是一种人工合成的、比buforin Ⅱ具有更强抗菌活性的多肽。另外，buforin Ⅱb还具有抗癌活性，对62种肿瘤细胞系(如白血病、乳腺癌、黑色素瘤、肾癌、结肠癌、非小细胞肺癌、中枢神经癌、卵巢癌和前列腺癌等的一些细胞系)具有选择性细胞毒性，其迅速无破坏地通过肿瘤细胞膜与核酸结合，并触发线粒体依赖性细胞凋亡。

侯峰(2010)通过诱导方法从光滑爪蟾皮肤分泌物中分离纯化到2种抗菌肽：AMP-1和AMP-2。这2种抗菌肽对革兰阳性菌和革兰阴性菌都有抗菌活性，AMP-2对绿脓杆菌也有较弱的抗菌活性，并且AMP-1和AMP-2对多种耐药菌株也具有不同程度的抗菌活性，有胰蛋白酶抑制活性和微弱的溶血活性。AMP-1对癌细胞没有作用，而AMP-2却有很好的抗肿瘤作用，在146.6μg/ml时，AMP-2可以杀死81.1%人乳腺癌细胞MCF-7。

大蹼铃蟾皮肤分泌物中有3种不同的抗菌肽，即maximin、maximin H和maximin S。maximin和maximin H分别对应于从铃蟾属东方铃蟾和多彩铃蟾中发现的bombinin和bombinin H。大蹼铃蟾抗菌肽2(maximin 2)分子质量为2612Da，经鉴定，为一种直链多肽，含有18个氨基酸，具广谱抗微生物活性(包括革兰阳性菌、革兰阴性菌和真菌)。申吉泓等(2003)研究发现，大蹼铃蟾抗菌肽2(maximin 2)对膀胱癌细胞株T-24(膀胱移形细胞癌细胞株)及SCaBER(膀胱鳞状细胞癌)株在小剂量下即有抑制作用，并呈剂量相关性。

Csordas和Michl(1970)在欧洲铃蟾体内分离到了抗菌肽bombinin。Zasloff(1987)在非洲爪蟾分离到了抗菌肽magainin。

三、其他两栖动物源抗菌肽

刘炯宇等(2004)对山溪鲵皮肤分泌物进行分离纯化发现具有抗菌活性，其中的抗菌活性成分为蛋白质性质，分子质量约为20kU，具有在高温下短时间、常温下长时间保持稳定的特性。初步提纯样品经尿素SDS-PAGE电泳检测为两条带；经反相高效液相层析(RP-HPLC)检测为13个峰。此提纯方法的活性回收率为46.7%。

李思明(2006)通过乙酸浸提法从鳄龟的血液、肠、肝和皮肤中提取抗菌肽，结果血液和肠中的抗菌肽粗提物对嗜水气单胞菌和沙门菌有明显的抗菌效果，肝和皮肤组织提取物没有抑菌活性；对血液中的抗菌肽进行了纯化，其分子质量为6000~8000Da，对致病性嗜水气单胞菌、葡萄球菌、枯草杆菌、蜡样芽胞杆菌和沙门菌有较好的抑菌活性，耐热(100℃ 5min 仍有活性)、耐酸(pH2.5 时仍有活性)，对小鼠血细胞无溶血性。

第四节　两栖动物源抗菌肽的临床应用

两栖动物源抗菌肽已经被用于临床医药、食品保鲜及农业生产等方面。

一、临床医药方面

在国内，很多两栖动物的皮肤被作为传统中药和民族药物而广泛应用，如中华蟾蜍等。目前，国外已有 10 多种抗菌肽作为治疗细菌、病毒性感染和抗肿瘤的新药进入人体临床实验，如美国费城马盖宁制药公司从 1990 年开始对青蛙皮肤抗菌肽 magainin 进行结构与分子设计，筛选出对病毒和肿瘤细胞均有较好杀伤作用的多肽分子。magainin 已用于口腔溃疡和由糖尿病引起的脚趾溃烂，该产品已完成Ⅲ期临床试验。两栖动物源抗菌肽除具有广谱抗菌活性外，杀菌速度也快，大部分可以在 5min 内引起细菌死亡；可以中和细菌产生的内毒素而避免脓毒症。部分两栖动物源抗菌肽还有促进伤口愈合的功效，无致畸作用。

二、食品保鲜防腐方面

食品的保鲜与防腐一直是生活中的难题。目前，使用的亚硝酸钠、苯甲酸钠、苯甲酸等化学合成防腐剂均具有一定的毒性。邱芳萍等(2002)研究发现，从吉林林蛙干皮中提取的抗菌肽 FSE31.5 可作为安全无毒的天然食品保鲜防腐剂，在肉制品(香肠)防腐及瓜果蔬菜(草莓)保鲜方面均具有较好的效果。

三、农业生产方面

两栖动物源抗菌肽也可应用于农业生产上。Zasloff(2002)把非洲爪蟾抗菌肽基因转入烟草，大大提高了烟草对霜霉菌的抗感染能力。

参 考 文 献

侯峰. 2010. 光滑爪蟾(*Xenopus laevis*)皮肤抗菌肽的筛选及其相关研究. 北京：中国人民解放军军事医学科学院博士学位论文.

李思明. 2006. 鳄龟抗菌肽的分离纯化和抗菌效果研究. 泰安：山东农业大学硕士学位论文.

刘炯宇，江建平，何开泽，等．2004．山溪鲵皮肤分泌物抗菌活性的初步研究．天然产物研究与开发，16(5)：415-419.

潘朋朋，李吉平，侯峰，等．2011．四种两栖类动物皮肤分泌物的生物活性比较．黑龙江畜牧兽医(科技版)，13：155-157.

邱芳萍，周杰，李向晖，等. 2002. 天然食品保鲜防腐剂-林蛙皮抗菌肽．食品科学, 23 (8) : 279-282.

申吉泓，官润云，张建，等. 2003. 大蹼铃蟾抗菌肽-2对膀胱癌细胞株HLA-ABC以及DR表达影响的对照实验研究．中国药理学通报, 19 (9) : 995-998.

肖冰，和七一，张康，等. 2012. 两栖类动物皮肤分泌抗菌肽的研究进展．重庆师范大学学报, 29 (2) : 24-29.

Ali M F, Lips K R, Knoop F C, *et al*. 2002. Antimicrobial peptides and protease inhibitors in the skin secretions of the crawfish frog, *Rana areolata*. Biochim Biophys Acta, 1601 (1) : 55-63.

Basir Y J, Knoop F C, Dulka J, *et al*. 2000. Multiple antimicrobial peptides and peptides related to bradykinin and neuromedin N isolated from the skin secretions of the North American pickerel frog, *Rana palustris*. Biochimica et Biophysica Acta (BBA) - Protein Structure and Molecular Enzymology, 1543 (1) : 95-105.

Clark D P, Durell S, Maloy W L, *et al*. 1994. A novel antimicrobial peptide from bullfrog (*Rana catesbeiana*) skin, structurally related to the bacterial antibiotic, polymyxin. J Bio Chem, 269 (14) : 10849-10855.

Clarke B T. 1997. The natural history of amphibian skin secretions, their normal function and potential medical applications . Biol Rev, 72 (3) :365-379.

Conlon J M, Kolodziejek J, Nowotny N. 2004. Antimicrobial peptides from ranid frogs: taxonomic and phylogenetic markers and a potential source of new therapeutic agents. Biochimica et Biophysica Acta , 1696 (1) : 1-14.

Conlon J M, Sonnevend A, Jouenne T, *et al*. 2005. A family of acyclic brevinin-1 peptides from the skin of the Ryukyu brown frog *Rana okinavana*. Peptide, 26 (2) : 185-190.

Conlon J M, Sonnevend A, Patel M, *et al*. 2003. A melittin-related peptide from the skin of the Japanese frog, Rana tagoi, with antimicrobial and cytolytic properties. Biochem Biophys Res Commun, 306 (2) : 496-500.

Csordas A, Michl H. 1970. Isolation and structure of a haemolytic polypeptide from the defensive secretion of European *Bombina* species. Monatshefte Chemistry, 101 (1) : 182-189.

Daly J W. 1995. The chemistry of poisons in amphibian skin. Proc Natl Acad Sci USA, 92 (1) : 9-13.

Goraya J, Knoop F C, Conlon J M. 1998. Ranatuerins: antimicrobial peptides isolated from the skin of the American bullfrog, *Rana catesbeiana*. Biochem Biophys Res Commun, 250 (3) : 589-592.

Halwerson T, Basir Y J, Knoop F C, *et al*. 2000. Purification and characterization of antimicrobial peptides from the skin of the North American green frog Rana clamitans. Peptides, 21 (4) : 469-476.

Isaacson T, Soto A, Iwamuro S, *et al*. 2002. Antimicrobial peptides with atypical structural features from the skin of the Japanese brown frog *Rana japonica*. Peptides, 23 (3) : 419-425.

Kim H S, Yoon H, Minn I, *et al*. 2000. Pepsin-mediated processing of the cytoplasmic histone H2A to strong antimicrobial peptide buforin I. J Immunol, 165 (6) : 3268-3274.

Kim J B, Halverson T, Basir Y J, *et al*. 2000. Purification and characterization of antimicrobial peptides from skin extracts and skin secretions of the North American pig frog *Rana grylio*. Regul Pept, 90 (1-3) : 53-60.

Kim S S, Shim M S, Chung J, *et al*. 2007. Purification and characterization of antimicrobial peptides from the skin secretion of Rana dybowskii. Peptides, 28 (8) : 1532-539.

Kumari V K, Nagaraj R. 2001. Structure-function studies on the amphibian peptide brevinin 1E: translocating the cationic segment from the C-terminal end to a central position favors selective antibacterial activity. J Pept Res, 58 (5) : 433-441.

Kwon M Y, Hong S Y, Lee K H. 1998. Structure-activity analysis brevinin 1E amide, an antimicrobial peptide from *Rana esculenta*. Biochimica et Biophysica Acta (BBA) - Protein Structure and Molecular Enzymology, 1387 (1-2) : 239-248.

Morikawa N, Hagiwara K, Nakajima T. 1992. Brevinin-1 and -2, unique antimicrobial peptides from the skin of the frog, *Rana brevipoda porsa*. Biochem Biophys Res Commun, 189 (1) : 184-190.

Park S, Park S H, Ahn H C, *et al*. 2001. Structural study of novel antimicrobial peptides, nigrocins, isolated from Rana nigromaculata. FEBS Lett, 507 (1) : 95-100.

Roaek T, Wegener K L, Bowie J H, *et al*. 2000. The antibiotic and anti-cancer active aurein peptides from the Australian bell frogs *Litoria aurea* and *Litoria raniformis*. European Journal of Biochemistry, 267 (17) : 5330-5341.

Sai K P, Jagannadham M V, Vairariani M, *et al*. 2001. Tigerinins: novel antimicrobial peptides from the Indian frog *Rana tigerina*. Bio Chem, 276 (4) : 2701- 2707.

Simmaco M, Debiase D D, Severini C, *et al*. 1990. Purification and characterization of bioactive peptides from skin extracts of *Rana esculenta*. Biochimica et Biophysica Acta (BBA) -General Subjects, 1033 (3) : 318-323.

Simmaco M, Mignogna G, Canofeni S, *et al*. 1996. Temporins antimicrobial peptides from the European red frog *Rana temporaria*. Eur J Biochem, 242 (3) : 788-792.

Suzuki S, Ohe Y, Okubo T, *et al*. 1995. Isolation and characterization of novel antimicrobial peptides, rugosins A, B and C, from the skin of the frog, Rana rugosa. Biochem Biophys Res Commun, 212 (1) : 249-254.

Zasloff M. 1987. Magainins, a class of antimicrobial peptides from Xenopus skin: isolation, characterization of two active forms, and partial cDNA sequence of precursor. Proceeding National Academic Science, USA, 84 (15) : 5449-5453.

Zasloff M. 2002. Antimicrobial peptides of multicellular organisms. Nature, 415 (6870) : 389-395.

Zhou J, McClean S, Thompson A, *et al*. 2007. Purification and characterization of novel antimicrobial peptides from the skin secretion of *Hylarana guentheri*. Peptides, 27 (12) : 3077-3084.

第十二章　其他动物源抗菌肽

在动物源抗菌肽中，兔、鹿、鳄鱼、蝇、蛇、骆驼、马等也具有抗菌肽，这些抗菌肽表现出优良的抗菌活性、独特的抗菌机制。

第一节　兔源抗菌肽

目前，从兔体内的不同部位提取到一些抗菌肽，但没有进行更细致的鉴定。

1. 兔圆小囊抗菌肽

兔圆小囊是兔特有的一个集消化、免疫和神经内分泌为一体的多功能器官，它位于回肠末端，聚有丰富的淋巴组织，是兔重要的肠相关淋巴组织。王可洲和余锐萍(2003)从兔圆小囊组织中分离得到一种抗菌肽，从抗菌作用效果来看，其不仅对非致病菌如白色葡萄球菌有效，而且对肠道致病菌如大肠杆菌也有效，说明兔圆小囊抗菌肽对致病菌和非致病菌没有选择性，推测抗菌肽类物质在维持肠道正常菌群平衡中可能起着比较重要的作用，也可能与肠道黏膜免疫有一定的关系。王可洲等(2007)又对兔圆小囊抗菌肽进行研究，结果表明，兔圆小囊抗菌肽对于促进机体的抗原特异性免疫反应有一定的作用，与对照组相比，可显著提高新城疫病毒(NDV)弱毒疫苗及禽流感病毒(AIV)灭活苗的抗体水平，提示兔圆小囊抗菌肽可增强机体对特异性病原的抵抗力。同时，该研究结果提示了抗菌肽可作为免疫佐剂应用于研发的可能性。

2. 兔中性粒细胞抗菌肽

吴琦等(1990)用柠檬酸从家兔中性粒细胞溶酶体中提取到 5 种多肽(NP_1、NP_2、NP_3、NP_4、NP_5)，分子质量为 2500～6000Da，其中 NP_1、NP_2和 NP_3对白色念珠菌有较高的杀菌活性。

3. 兔肠源抗菌肽

刘红珍(2007)用乙酸浸提法从兔小肠中提取到 1 种抗菌肽，对大肠杆菌、金黄色葡萄球菌、绿脓杆菌、白色念珠菌均有抑菌作用，对新城疫病毒有灭活或抑制作用。

第二节　鹿源抗菌肽

陈丽颖等(2005)证实，在鹿中性粒细胞颗粒中存在着天然抗菌物质，并表现出对革兰阳性菌(金黄色葡萄球菌)、革兰阴性菌(大肠杆菌)和真菌(白色念珠菌)等多种病原体具有抑制活性。对离子交换层析产物的抑菌试验显示，和其他动物一样，鹿白细胞中的抗菌物质为阳离子性质，而阴离子部分没有抗菌活性。蛋白质电泳结果进一步表明，鹿白细胞抗菌成分主要是阳离子多肽。

陈丽颖等(2007)的试验结果显示，阳离子肽主要作用于细菌，对革兰阴性菌更为有效。这是因为阳离子抗菌肽易与革兰阴性菌外膜上带负电荷的脂多糖相互作用，从而破坏外膜结构以穿越内膜。所提取的鹿源抗菌肽粗提物对大肠杆菌O157:H7、荧光假单胞菌等革兰阴性菌最有效，对金黄色葡萄球菌和蜡样芽胞杆菌等革兰阳性菌则只有在较高浓度下才具有抑制作用。此外，鹿源抗菌肽对白色念珠菌也具有较好的抑菌作用。鹿源抗菌肽对金黄色葡萄球菌标准菌株的时间-杀菌曲线表明，抗菌肽能够在较短时间(2min)内迅速杀灭细菌，随着作用时间的延长，抗菌肽的杀菌效果逐渐减弱。这一点与SMAP29等其他抗菌肽一致，说明抗菌肽能够很快作用于细菌细胞膜，裂解细菌细胞，导致细菌死亡。

驯鹿β-防御素1(reBD-1)前原肽和成熟肽的基因大小分别为225bp和138bp。吴萨日娜(2007)应用RT-PCR方法检测到驯鹿β-防御素1(reBD-1)mRNA在舌、瘤胃、睾丸中表达最强，在食管、十二指肠、结肠、气管、脾中有中等量的表达，在网胃、皱胃、回肠、肝、肺、肾、膀胱、附睾、心脏内的表达较弱。苏丽娜(2011)构建驯鹿reBD-1的原核表达载体，在大肠杆菌中进行了表达，表达产物对金黄色葡萄球菌和大肠杆菌有明显的抑菌活性。

第三节　鳄鱼源抗菌肽

Mansour等(1980)发现湾鳄血液中含有能高效抑杀对青霉素有抗药性的革兰阳性菌的某些蛋白质。Sunyer等(1996)在报道中称，从尼罗鳄体内获取的白细胞提取物能够表现出一定的抗菌活性。邹黎黎等(2008)对暹罗鳄外周血白细胞提取物的抗菌活性进行研究，发现暹罗鳄外周血白细胞提取物对革兰阴性菌中的大肠杆菌、多杀性巴氏杆菌有明显的抗菌效力；对温和气单胞菌、嗜水气单胞菌有中等程度的抗菌效力；对副溶血弧菌、溶藻弧菌、创伤弧菌、霍乱弧菌的抗菌效力较弱；对革兰阳性菌中的链球菌有明显的抗菌效力，但是对金黄色葡萄球菌的抗菌效力较弱。Brown等(2001)研究后确定密西西比鳄血液中含有抗微生物活性的蛋白质，这些蛋白质对金黄色葡萄球菌和艾滋病病毒具有很好的抑制和杀灭作用。Merchant 等(2006)发现密西西比短吻鳄的白细胞提取物对革兰阴性菌中的志贺氏菌、弗氏柠檬酸杆菌有明显的抗菌效力，对大肠杆菌、绿脓杆菌、猪霍乱沙门菌有中等程度的抗菌效力，对革兰阳性菌中的粪链球菌、猩红热菌有明显的抗菌效力，但是对金黄色葡萄球菌、表皮葡萄球菌则没有观察到抑制作用。

第四节　家蝇源抗菌肽

家蝇在病原孳生的环境中生存，能在人与畜之间传播多种疾病，而自身却不染病。经研究认为，这种极强的抗病能力主要是家蝇体内的抗菌肽分子所赋予的。

一、家蝇源抗菌肽的结构特点和理化性质

人们已从家蝇血淋巴中分离到多种活性抗菌肽，它们的分子质量在 4~86kU，由 51~111 个氨基酸组成，不含甲硫氨酸，不含或含少量半胱氨酸，不形成二硫键，富含碱性氨基酸，等电点大于 7。柏鸣和周立(2002)对家蝇源抗菌肽进行圆二色谱分析，其二级结构构象以无规卷曲(包括 β 转角)为主，含 26.6%的 α 螺旋，23.7%的 β 折叠，49.7%的 β 转角与无规卷曲。

家蝇源抗菌肽有较稳定的理化性质，能耐极端温度，经-20℃冷冻或 100℃沸水浴处理后，抗菌肽的生物活性变化不大，还耐高浓度盐溶液、极端的 pH 溶液。抗菌肽水溶性好，呈碱性。

二、家蝇源抗菌肽的生物活性

从地中海实蝇、果蝇和厩敖蝇中可分离到具有不同生物活性的抗菌肽。在棕尾别麻蝇和伏蝇体内分离到了麻蝇抗菌肽Ⅰ、麻蝇抗菌肽Ⅱ、麻蝇抗菌肽Ⅲ和家蝇双翅肽(diptericin)等具有抗菌活性的蛋白质。在家蝇血淋巴中既分离到了分子质量较小的生物活性肽，又分离到了分子质量较大的凝集素、溶菌酶等多种抗菌肽。这些抗菌肽具有抗细菌、真菌、寄生虫等的活性。更引人注目的是，它们还能杀伤多种肿瘤癌细胞和病毒，而对正常的体细胞无毒性作用；能够抗革兰阳性菌和革兰阴性菌，如金黄色葡萄球菌、白葡萄球菌、绿脓杆菌、大肠杆菌等；还能够抗植物细菌性病害如水稻白叶枯病菌、大白菜软腐病菌和引起人类疾病的痢疾杆菌、肺炎杆菌；对一些真菌如白念珠菌和白僵菌也有很好的生物活性；对令人畏惧的肿瘤癌细胞有活性。表 12-1 简单统计了部分家蝇源抗菌肽的抗菌谱。

表 12-1 部分家蝇源抗菌肽的抗菌谱

细菌名称	抗菌肽名称
大肠杆菌	attacin、天蚕素、防御素
金黄色葡萄球菌	防御素、Andropin
沙门菌	天蚕素
停乳链球菌	天蚕素

陈艳等(2002)用蝇蛆组织匀浆液处理流感病毒表现出非常好的效果。这些抗菌肽活性浓度在 μg/ml 级，其抑菌效果与传统抗生素相当甚至超过其抑菌效果。家蝇源抗菌肽与目前广泛使用的抗生素及农用杀菌剂不产生交互抗性，不诱导病原菌产生抗性突变。因此，有望开发成为新一代优秀的抗癌药、抗病毒药或抗菌药。

三、家蝇血淋巴抗菌肽的诱导产生

当家蝇处于不适宜的环境条件或体壁受损伤、受异物侵染时，血淋巴中受基因控制的活性物质表达量会显著增加。目前已经成功地使用不同的诱导方法对不同虫态进行诱导并获得抗菌物质的增量表达和新蛋白质的激活产生。用于家蝇血淋巴诱导的诱导源很多，如物理因子(超声波、高频电磁场、γ 射线、X 射线、紫外线、热激、体壁损伤法等)、生物因子[菌类(大肠杆菌、金黄色葡萄球菌)]及生理盐水等。在诸多诱导方法中，体壁损伤法既经济、方便，效果又好。周永富等(1997)采用针刺损伤法诱导家蝇 3 龄幼虫，除原有抗菌蛋白的表达获得增强外，还激活了新蛋白质的产生，这种新蛋白质可能也有抗菌活性。盛长忠等(2002)采用针刺、带菌针刺、超声波均成功地诱导家蝇蛹产生了抗革兰阴性菌(大肠杆菌、变形杆菌)的抗菌肽。陈留存等(2001)采用大肠杆菌诱导家蝇成虫并从血淋巴分离提取出一种对革兰阳性菌(金黄色葡萄球菌、白葡萄球菌)和革兰阴性菌(绿脓杆菌、大肠杆菌)都有活性的抗菌肽 CM-Ⅲ。

不同诱导源诱导产生的抗菌物质抗菌谱有所差异，并发现经菌类诱导产生的抗菌物质似乎有免疫记忆现象。齐静姣和曲传智(1999)以 ^{60}Coγ 射线、活的大肠杆菌、热灭活的金黄色葡萄球菌、绿脓杆菌和生理盐水为诱导源，结果表明细菌诱导的抗菌谱较广，^{60}Coγ 射线诱导的抗菌谱较窄，经热灭活的绿脓杆菌和金黄色葡萄球菌对相应菌的抗性较其他菌强。

家蝇血淋巴抗菌物质动力学研究表明，不同诱导源诱导产生最大活性高峰各有一个最佳诱导强度和时间。诱导强度低，效果不明显，强度大会导致虫体死亡，一般诱导 36~48h 后出现活性物质表达量高峰。从家蝇血淋巴抗菌物质诱导的研究可以推测诱导抗菌物质基因的表达似乎是在接受了第一信使的刺激后，有一个共同的第二信使，它再将不同信号传递给细胞核内染色体上，从而激活相应基因启动和表达。诱导机制研究对揭示家蝇防御机制具有重要意义，是寻找高活性抗菌肽的基础。

四、家蝇基因工程抗菌肽简介

目前，利用基因工程技术从家蝇体内获得的抗菌肽有 5 种：①家蝇天蚕素(cecropin)，对革兰阴性菌和革兰阳性菌均有作用，少数还具有抗真菌作用；②家蝇防御素(defensin)，主要对革兰阳性菌起作用，但有的也具有广谱的抗菌活性；③家蝇溶菌酶(MDL)，其中 MDL-1 一般只对革兰阴性菌具有活性，MDL-2 和 MDL-3 仅对少数革兰阴性菌有抑制作用；④家蝇双翅肽(diptericin)，仅对少数革兰阴性菌有抑制作用；⑤家蝇攻击素(attacin)，只对少数革兰阴性菌有抑制作用。

目前，获得家蝇源抗菌肽编码基因的方法主要有 3 种，即差异显示反转录聚合酶链反应(DDRT-PCR)、基因芯片技术(gene chip)和抑制性消减杂交技术(SSH)。这些方法各有优缺点。

针对已知的家蝇源抗菌肽可以通过常规基因工程方法进行制备。王来城等(2003)以家蝇 cDNA 文库为模板，采用 PCR 扩增出防御素基因片段，再进一步扩增 3′端和 5′端序列，得到全长 430bp 的 cDNA 序列，其中可读框可以编码 92 个氨基酸残基的短肽。分析表明，家蝇防御素成熟肽由 40 个氨基酸残基组成，推测其二级结构由 3 部分组成，即 N 端的环、1 个 α 螺旋和 2 个反向平行的 β 片层。

五、家蝇源抗菌肽的应用前景

家蝇源抗菌肽具有分子质量小、受温度影响小、水溶性好、无免疫原性、广谱的生物活性等特点，可以抑杀多种细菌、真菌、病毒，更令人兴奋的是还能杀伤多种肿瘤细胞，但不损伤正常的体细胞，无毒性作用。因此，它可以被广泛用于农业、医药、食品等领域。

在农业方面，采用分子生物学和基因工程的方法将家蝇源抗菌肽基因导入动植物体内，获得优良的抗病品系，并在其种内遗传，降低成本，增加收入。日本的名取俊二等从苍蝇蛹中分离出一种由 39 个氨基酸组成的抗菌肽，并将其基因克隆片段成功地导入烟草，获得抗野火病菌的烟草品系(孙国凤，1996)。

在医药方面，由于抗菌谱广、有抗肿瘤等重要药用价值，不损伤人体正常细胞，与传统阻断生物大分子合成的抗生素具有不同作用机制，且不易产生抗药性，在目前抗生素抗药性问题非常突出，而开发新型抗生素又非常困难的情况下，家蝇源抗菌肽有望开发成为新一代肽类抗生素。还可通过基因工程方法将家蝇源抗菌肽基因导入肿瘤癌细胞，对癌症基因治疗提供帮助。

第五节 蚯蚓源抗菌肽

蚯蚓体内存在着许多生物活性成分，其中包括抗菌肽。Dhainaut 等(1989)从蚯蚓体腔 G1 粒细胞中发现了一种能抑制大肠杆菌和微球菌的金属抗菌蛋白(MP Ⅱ)。Cho 等(1998)采用亲和层析和反相 HPLC 技术从粉正蚓中分离并纯化出一种新的抗菌肽 lumbricin Ⅰ，是含脯氨酸的 62 个氨基酸肽类，有广谱的抗菌活性，且不溶血，序列中的第 6~34 位氨基酸部分具有更强的抗菌活性，称为 lumbricin Ⅰ(6~34)。赵晓瑜等(2009)检测了人工合成的 lumbricin Ⅰ(6~34)的抗菌活性，结果发现 lumbricin Ⅰ(6~34)能抑制枯草芽胞杆菌、藤黄八叠球菌、金黄色葡萄球菌、大肠杆菌、沙雷菌、变形杆菌的生长，能抑制酿酒酵母、产黄青霉、露湿漆斑菌、黑根霉、总状毛霉的生长。Milochau 等(1997)从蚯蚓体液中分离到 2 种分子质量为 40kU 和 45kU 的蛋白质，并命名为 Fetidins，具有抗菌、溶血和凝血功能。孙振钧(2001)从蚯蚓匀浆液中初步分离纯化出一种抗菌四十肽，pH 为 3、5、7、9 和 11 时对抗菌物质的活性影响很小，热稳定性较高(在室温下放置 180d 仍具有抑菌活性)。张希春等(2002)从蚯蚓匀浆液中得到了 2 种新的抗菌肽 F1 和 F2，分子质量分别为 513.27U 和 519.27U，N 端均被乙酰基所封闭。F-1 的肽序列为 Ac-Ala-Met-Val-Ser-Ser，F-2 的肽序列为 Ac-Ala-Met-Val-Gly-Thr，对绿脓杆菌、鲍氏不动杆菌、土生克雷伯菌、粪肠球菌有抑制作用，但对白色念珠菌没有作用。刘艳琴等(2004)从赤子爱胜蚓体腔液中分离纯化出一种全新的抗菌寡肽 ECP5-1。韩立军(2007)发现蚯蚓提取物对金黄色葡萄球菌、大肠杆菌、变形杆菌有较强的抑菌活性，能促进小鼠脾淋巴细胞的增殖，抑制 S-180 肉瘤细胞的生长，提高 S-180 肉瘤小鼠的胸腺指数和脾指数，提高小鼠吞噬细胞吞噬能力。王庄等(2010)分离提纯得到 3~30kU 的蚯蚓源抗菌肽 H1 和 H2，H1 对枯草杆菌、金黄色葡萄球菌、巴氏杆菌、大肠杆菌有明显的抑菌作用，H1 的抑菌活性比 H2 高。

第六节 蛇源抗菌肽

关于蛇源抗菌肽研究的比较少。李映新等(2007)通过 MTT 法检测了从广西五步蛇毒液中分离的小分子抗菌肽对多种癌细胞生长的影响情况，结果发现该小肽对鼠乳腺癌细胞株(782)、人胃癌细胞(SGC-7901)和卵巢癌细胞株(A2780)有抑制作用，呈剂量依赖关系。周慧敏等(2011)检测了金环蛇抗菌肽 cathelicidin-BF 的体外抗菌活性，结果该抗菌肽对金黄色葡萄球菌、表皮葡萄球菌、枯草芽胞杆菌、大肠杆菌、铜绿假单胞菌、痢疾杆菌、肺炎克雷伯菌、变形杆菌、鲍氏不动杆菌、伤寒沙门菌、阴沟肠杆菌、弗氏柠檬酸杆菌、产气肠杆菌、粪链球菌具有很好的抗菌活性。Wang 等(2008)从金环蛇毒液中分离到一种 cathelicidin 类的抗菌肽，命名为 cathelicidin-BF，其氨基酸序列为：KFFRKLKKSV KKRAKEFFKK PRVIGVSIPF，与鸭嘴兽 cathelicidin 抗菌肽的同源性最高，对细菌和部分真菌有很好的抗菌活性，在 400μg/ml 时仍没有溶血活性和细胞毒性。

Vgf-1 是从中国云南眼镜蛇毒液中分离的有 59 个氨基酸的抗菌肽(氨基酸序列为：ECYRKSDIVT CEPWQKFCYR EVTFFPNHPV YLSGCASECT ETNSKWCCTT DKCNRARGG)，其对多重耐药的结核分枝杆菌具有很好的杀伤效能(Xie，2003)。OH-CATH 是在眼镜王蛇中新发现的 cathelicidin 家族抗菌肽，其在 1% NaCl 存在的条件下对多种细菌都有较强的抗菌活性，且在高浓度下对人红细胞无溶血活性。Chen 等(2009)通过电镜方法观察了眼镜王蛇 OH-CATH 抗菌肽对大肠杆菌 ATCC 25922 的作用，结果发现，OH-CATH 首先借助其带正电荷的氨基酸残基附着到细菌带负电荷的细胞壁，当附着的 OH-CATH 达到一定浓度后发生聚集，以孔道形成的方式破坏细菌的膜结构，因而膜的渗透性被破坏，胞内内容物释放而造成细菌死亡。

第七节　骆驼源抗菌肽

唐博(2004)应用 RT-PCR 技术从骆驼舌黏膜上皮组织中克隆到骆驼 β-防御素 *caBD-1* 的 cDNA，该 cDNA 含有 192bp 的可读框(ORF)，编码 64 个氨基酸的前原防御素，其含有 β-防御素特征性结构，即 6 个保守的半胱氨酸残基。唐博(2007)应用 RT-PCR 技术比较了 *caBD-1* 在雌性骆驼生殖道组织中的表达情况，结果 *caBD-1* mRNA 在子宫颈的表达量最高，子宫和输卵管内的表达量次之，阴道内的表达量最少。

参考文献

柏鸣，周立. 2002. 家蝇抗菌蛋白的部分结构信息及生物学活性. 中国生物化学与分子生物学报, 18(5): 633-637.

布日额，吴金花，卢雅生. 2011. 库伦驴血液白细胞抗菌肽提取及其对牛乳腺炎主要致病菌的抗菌活性研究. 中国病原生物学杂志, 6(10): 721-723.

陈丽颖，王艳玲，Yu P L. 2005. 鹿白细胞中抗菌肽的提取及抗菌活性鉴定. 河南农业大学学报, 39(4): 406-409.

陈丽颖，杨国宇，王艳玲，等. 2007. 鹿白细胞抗菌肽的体外抗菌试验. 中国兽药杂志, 41(7): 13-15, 18.

陈留存，王金星，刘瑶，等. 2001. 家蝇抗菌肽的分离纯化及性质研究. 山东大学学报(自然科学版)，36(3): 351-357.

陈艳，吴建伟，李金富，等. 2002. 家蝇幼虫营养价值及抗病毒活性的初步研究. 贵阳医学院学报, 27(2): 100-103.

韩立军. 2007. 蚯蚓组织提取物的抗菌、抗肿瘤及免疫增强活性研究. 保定: 河北农业大学硕士学位论文.

李映新，雷丹青，周先丽. 2007. 广西五步蛇毒小肽的分离纯化及抗肿瘤作用. 中国临床药理学与治疗学，12(2): 187-190.

刘红珍. 2007. 兔肠源抗菌蛋白的分离纯化及其生物活性研究. 泰安: 山东农业大学硕士学位论文.

刘艳琴，王东辉，孙振钧. 2004. 蚯蚓体腔液及粗组分体外抗菌特性. 家畜生态学报, 25(4) : 51-54.

齐静姣，曲传智. 1999. 不同诱导源诱导家蝇抗菌物质的动力学研究. 洛阳医专学报, 17(1): 35-37.

邱晓燕, 刘艳, 陈小麟, 等. 2003. 舍蝇抗菌肽的提取及其对肿瘤细胞生长的抑制作用. 中华卫生杀虫机械, 9(1): 13-16.

盛长忠, 耿华, 叶玲玲, 等. 2002. 家蝇蛹血淋巴抗菌活性的诱导及相关蛋白/多肽的表达规律. 南开大学学报(自然科学版), 35(1): 7-11.

苏丽娜. 2011. 驯鹿 β-防御素(reBD-1)基因的原核表达及蛋白活性的鉴定. 呼和浩特: 内蒙古农业大学硕士学位论文.

孙国凤(译). 1996. 导入昆虫抗菌肽基因的烟草的开发. 生物技术通报, 1: 16.

孙振钧. 2001. 应激蚯蚓诱导抗菌肽作为环境风险评价生化标记的研究. 莱阳农学院学报, 18(4): 325-334.

唐博, 曹贵方, 锡林高娃, 等. 2007. 雌性骆驼生殖组织 β-防御素-1 基因的克隆及其组织表达量的检测. 中国兽医科学, 37(6): 515-518.

唐博. 2004. 骆驼 β-防御素 *caBD-1* cDNA 的克隆及序列分析. 呼和浩特: 内蒙古农业大学硕士学位论文.

王可洲, 余锐萍, 胡艳欣, 等. 2007. 兔圆小囊抗菌肽对鸡新城疫病毒及禽流感病毒血清抗体水平影响的研究. 科学技术与工程, 7(1): 108-111.

王可洲, 余锐萍. 2003. 兔圆小囊组织中抗菌肽类物质的分离纯化及抗菌活性研究. 科学技术与工程, 3(2): 151-154.

王来城, 王金星, 王来元, 等. 2003. 家蝇防御素基因的 cDNA 克隆及序列分析. 动物学报, 49(3): 408-413.

王庄, 李曾夏子, 李文平, 等. 2010. 蚯蚓中 3~30kD 抗菌肽的分离及抗菌效果研究. 湖南农业大学学报(自然科学版), 36(1): 50-53.

吴琦, 王伯瑶, 王借秀, 等. 1990. 兔中性粒细胞抗菌肽的纯化和鉴定. 华西医科大学学报, 21(1):59-62.

吴萨日娜. 2007. 驯鹿 β-防御素(reBD-1)在驯鹿体内表达器官及其定位检测. 呼和浩特: 内蒙古农业大学硕士学位论文.

张满朝, 郑国錩. 1994. 抗微生物多肽-防御素研究现状. 国外医学, 分子生物学分册, 17(2): 68-70.

张希春, 孙振钧, 禚如朋, 等. 2002. 蚯蚓两种抗菌肽的分离纯化及部分性质. 生物化学与生物物理进展, 29(6): 955-961.

赵晓瑜, 李国建, 倪志华, 等. 2009. 人工合成蚯蚓 29 肽的特性. 河北大学学报(自然科学版), 29(1): 76-80, 84.

周慧敏, 陈莉莉, 王晶, 等. 2011. 金环蛇抗菌肽 Cathelicidin-BF 的体外抗菌活性研究. 药物生物技术, 18(4): 317-321.

周永富, 饶军华, 阳建春, 等. 1997. 家蝇抗菌物质的诱导. 生物学杂志, 14(77): 23-26.

邹黎黎, 罗永煌, 郝娟, 等. 2008. 暹罗鳄外周血白细胞提取物抗菌活性的初步研究. 中国兽药杂志, 42(4): 1-6.

Brown D R, Noguira M F, Schoeb T R, *et al.* 2001. Pathology of experimental *Mycoplasmosis* in American Alligators. J Wild Dis, 37(4): 671-679.

Chen X X, Yu G Y, Yan H, *et al.* 2009. Effects of the antimicrobial peptide OH-CATH on *Escherichia coli*. Zoological Research, 30(2): 171-177.

Cho J H, Park C B, Yoon Y G, *et al.* 1998. Lumbricin I, a novel proline-rich antimicrobial peptide from the earthworm: purification, cDNA cloning and molecular characterization. Biochim Biophys Acta, 1408(1): 67-76.

Dhainaut A, Raveillon B, M'Béri M, *et al.* 1989. Purification of an antibacterial protein in the coelomic fluid of *Nereis diversicolor* (annelida, polychaeta). similitude with a cadmium-binding protein. Camp Biochem Physiol C, 94(2): 555-560.

Hoffman J A, Kafatos F C, Janeway C A, *et al.* 1999. Phylogenetic perspectives in innate immunity. Science, 284(5418): 1313-1318.

Mansour M H, Ridi R E, Badir N. 1980. Surface markers of lymphocytes in the snake, Spalerosophis diadema. I. Investigation of lymphocyte surface markers. Immunology, 40(4): 605-611.

Merchant M E, Leger N, Jerkins E, *et al.* 2006. Broad spectrum antimicrobial activity of leukocyte extracts from the American Alligator (*Alligator Mississippiensis*). Vet Immunol Immunopathol, 110(3-4): 221-228.

Milochau A, Lasegues M, Valembois P. 1997. Purification, characterization and activities of two hemolytic and antibacterial proteins from coelomic fluid of the annelid Eisenia fetida andrei. Biochem Biophys Acta, 1337(1): 123-132.

Sun Z J. 2001. Study on induced antibacterial peptide in stressed earthworms as a biochemistry biomarker in environmental risk assessment. Journal of Laiyang Agricultural College, 18(4): 325-334.

Sunyer J O, Zarkadis I K, Sahu A, *et al*. 1996. Multiple forms of complement C3 in trout that differ in binding to complement activators. Proc Natl Acad Sci, 93 (16) : 8546-8551.

Wang Y P, Hong J, Liu X H, *et al*. 2008. Snake Cathelicidin from Bungarus fasciatus is a potent peptide antibiotics. PLoS ONE, 3: e3217.

Xie J P, Yue J, Xiong Y L, *et al*. 2003. In vitro activities of small peptides from snake venom against clinical isolates of drug-resistant Mycobacterium tuberculosis. International Journal of Antimicrobial Agents, 22 (2) : 172-174.

第十三章　动物源抗菌肽的展望

大量使用或滥用抗生素带来了许多问题，而新型抗生素的研发速度又很慢，二者之间的矛盾日益突出。抗菌肽的出现可能是解决这一问题的有效途径。但这里既有一些问题，也有一些希望。

第一节　存在的问题

抗菌肽在临床上的使用将带来一场新的革命。但是，要将抗菌肽全面推向市场，可能还面临很多挑战，还需继续深入研究以下几个问题。

一、抗菌肽的生产

抗菌肽大规模临床应用的最首要的问题是高生产成本。其一，抗菌肽在生物体内天然含量极少，天然资源有限；其二，抗菌肽分子质量小，提取步骤烦琐且效率低，工艺要求高；其三，化学合成法成本高，价格昂贵；其四，通过基因工程在工程菌中直接表达抗菌肽基因，易被蛋白酶降解，且产物可能对宿主具有毒性，从而影响基因的高水平表达。目前，如何提高抗菌肽的产量、降低生产成本等问题成为抗菌肽生产实践应用中的瓶颈。

二、抗菌肽的活性与安全性问题

基因工程抗菌肽虽然在一级结构上与天然抗菌肽一致，但因其空间结构与天然抗菌肽存在一定差异，无法保证其活性与天然产物一致。目前，尚缺少抗菌肽药效动力学和毒理学(包括潜在的免疫毒性)等方面的研究数据。异源性的抗菌肽应用于动物或在人类全身用药时可能会引起过敏反应，而且许多天然抗菌肽都有溶血作用，不利于抗菌肽的药物开发。因此，如何在保持抗菌肽结构与活性的同时降低其细胞毒性也是需要解决的问题之一。

三、抗菌肽的抗性问题

抗菌肽的多样性及其独特作用机制的差异预示着天然细菌群体对其产生抗药性十分困难。不过自然界总存在着一定的病原微生物，由于十分稳定的细胞膜结构或功能性特点使其具有天生的耐药性。某些细菌主要通过改变自身膜结合位点，使抗菌肽无法与之结合；利用运送机制减少抗菌肽在膜上的浓度；释放降解酶降解抗菌肽、增加压力蛋白的表达等途径来抑制抗菌肽的杀菌效果。目前已经证明，金黄色葡萄球菌除可分泌蛋白酶降解防御素和一些人源抗菌肽产生耐药性外，还可以通过调节 vraDE 和 vraSR 改变膜的转运作用而产生对蛙类抗菌肽 temporin L 和皮抑菌肽 K4-S4 的耐药性。这些表明，抗菌肽在临床应用时，也有可能导致耐药细菌的产生，尽管其概率比传统抗生素低得多，但也提醒人们在应用抗菌肽进行治疗时应进行严格的控制，以避免耐药性的出现。

四、抗菌肽在体内的稳定性

蛋白质类物质在体内涉及许多酶化学反应。抗菌肽经口服或注射途径进入体内后，有可能被体内的蛋白水解酶降解而使其抗菌活性降低，也可能通过与体内某些蛋白质结合最终使其丧失抗菌活性。

此外，蛋白质类抗菌肽在生产、保存、运输、给药时极易变性失活，如何保持其活性也是需要进一步研究解决的问题。随着对抗菌肽在理论和应用上的全面研究，抗菌肽终将作为一类新型抗菌药物替代物和环保型饲料添加剂对动物生产和人类健康产生深远的影响。

第二节　解 决 途 径

目前，针对抗菌肽生产成本高，无法大量生产的问题，可以利用基因重组技术在体外大量制备活性多肽是生物制品研究的热点之一。Wu 等(2010)筛选 35 条厚壳贻贝的贻贝素和贻贝肽基因，构建了相关的真核表达载体，并成功地将其转化至 S78 酿酒酵母中，为后续工作打下了良好的基础。申望等(2010)克隆了三疣梭子蟹 I 型 crustin 抗菌肽基因，构建分泌型真核表达质粒，并转化至酿酒酵母 S78，经 RT-PCR 和 SDS-PAGE 电泳，证明重组 crustin 表达成功。

然而，对于分子质量较小的多肽，如果用常规方法构建单拷贝基因的重组质粒，则目的基因在细胞中的表达量很低，无法体现基因工程产量高的优势。现阶段，建立抗菌肽的原核和真核表达系统，特别是抗菌肽的串联表达方法的应用，是一种很好的解决抗菌肽产量低的方法。谢海伟等(2012)设计构建 tachyplesin 基因串联表达载体，并将重组基因成功转化到分泌型表达系统枯草杆菌 BS168 中，实现了抗菌肽 tachyplesin 的高效分泌表达。付登峰等(2011)以大肠杆菌为表达载体，对类牛源抗菌肽 LNK-16 进行三串联表达，取得了较好的成果。Xu 等(2007)将天蚕素 A(1~8)和 magainin-2(1~12)串联起来，构建至含有人泛素(ubiquitin)融合蛋白 pQE30 的重组表达质粒上，在大肠杆菌 M15 中得到了高效异源表达。

针对部分天然抗菌肽具有细胞毒性和溶血性的问题，许多学者开始对天然抗菌肽进行改造，研究抗菌肽的构效关系，增加其抗菌活性，降低其细胞毒性和溶血性。实验证明，通过增加、删除或替代 1 个或多个动物源抗菌肽残基，截取其肽链 N 端或 C 端部分序列合成的抗菌肽同源类似物可以提高其抗菌活性，并在一定程度上降低其溶血性和细胞毒性。Sawai 等(2002)在保留两亲性 α 螺旋结构的前提下进行单残基突变，用 Gly 取代抗菌肽 ovispirin-1 第 10 位的 Ile，结果可以降低其对红细胞的溶血性，并提高了抗菌活性。Shin 等(2004)将抗菌肽(K6L6W)的第 6 位的 Leu 替换为 Pro，命名为 K6L5WP，结果显示，K6L5WP 的细胞毒性比蜂毒肽小。

参 考 文 献

陈晓生, 张辉华, 周庆国, 等. 2006. 抗菌肽对肉鸭雏鸭期肠道主要微生物菌落的影响. 兽药与饲料添加剂, 11(4): 1-2.

付登峰. 2011. 类牛源抗菌肽 LNK-16 在大肠杆菌中的串联表达. 新乡: 河南科技学院硕士学位论文.

韩文瑜, 孙长江. 2009. 抗菌肽的研究现状与展望. 中国兽药杂志, 43(10): 11-19.

侯国宾, 孟庆雄, 宋玉竹. 2012. 抗菌肽临床应用前景分析. 生命科学, 24(4): 390-397.

侯晓姝, 胡宗利, 陈国平, 等. 2009. 抗菌肽的抗菌机制及其临床应用. 微生物学通报, 36(1): 97-105.

马卫明, 佘锐萍, 靳红, 等. 2005. 猪小肠抗菌肽的抗菌作用研究. 中国兽医杂志, 41(1): 3-7.

马晓艳, 马亚珍, 苏贵成. 2008. 新疆家蚕抗菌肽(Cecropin-XJ)对奶牛乳房炎病原的体外抑菌效果观察. 新疆畜牧业, 2: 22-25.

申望, 叶茂, 石戈, 等. 2010. 三疣梭子蟹(*Portunus trituberculatus*) Ⅰ型 Crustin 抗菌肽的基因克隆与真核重组表达. 海洋与湖沼, 41(3): 371-377.

汪以真, 王中强, 许梓荣. 2004. 抗菌肽与抗生素的体外抗菌效果比较. 中国兽医学报, 24(3): 270-273.

王芳, 曹立亭, 胡松华. 2006. Nisin 对奶牛乳房炎主要致病菌的体外抗菌作用研究. 中国兽药杂志, 40(10): 12-16.

吴俊强, 曹立亭, 胡松华. 2008. 乳酸链球菌素治疗奶牛乳房炎效果观察. 中国奶牛, 7: 41-44.

谢海伟, 孙兰萍, 王娣, 等. 2012. 抗菌肽(tachyplesin Ⅰ)串联基因的构建、表达及抗菌活性. 高校化学工程学报, 26(4): 640-647.

Giuliani A, Pirri G, Nicoletto S F. 2007. Antimicrobial peptides: an overview of a promising class of therapeutics. Central European Journal of Biology, 2(1): 1-33.

Jenssen H, Hamill P, Hancock R E. 2006. Peptide antimicrobial agents. Clinical Microbiology Reviews, 19(3): 491-511.

Jung D, Powers J P, Straus S K, *et al*. 2008. Lipid-specific binding of the calcium-dependent antibiotic daptomycin leads to changes in lipid polymorphism of model membranes. Chem Phys Lipids, 154(2): 120-128.

Kim Y C, Late S, Banga A K, *et al*. 2008. Biochemical enhancement of transdermal delivery with magainin peptide: modification of electrostatic interactions by changing pH. Int J Pharm, 362(1-2): 20-28.

Lamb H M, Wiseman L R. 1998. Pexiganan acetate. Drugs, 56(6): 1047-1052.

Marr A K, Gooderham W J, Hancock R E W. 2006. Antibacterial peptides for therapeutic use: obstacles and realistic outlook. Current Opinion in Pharmacolog, 6(5): 468-472.

Mcphee J B, Hancock R E. 2005. Function and therapeutic potential of host defence peptides. J Pept Sci, 11(11): 677-687.

Mygind P H , Fischer R L, Schnorr K M, *et al*. 2005. Plectasin is a peptide antibiotic with therapeutic potential from a saprophytic fungus. Nature, 437(7061): 975-980.

Otvos L, Cudic M, Chua B Y, *et al*. 2004. An insect antibacterial peptide-based drug delivery system. Mol Pharm, 1(3): 220-232.

Perron G G, Zasloff M, Bell G. 2006. Experimental evolution of resistance to an antimicrobial peptide. Proc Biol Sci, 273(1583): 251-256.

Pietiainen M, Francois P, Hyyrylainen H L, *et al.* 2009. Transcriptome analysis of the responses of *Staphylococcus aureus* to antimicrobial peptides and characterization of the roles of *vraDE* and *vraSR* in antimicrobial resistance . BMC Genomics, 10: 429.

Sawai M V, Waring A J, Kearney W R, *et al.* 2002. Impact of single-residue mutations on the structural and function of ovispirin/novispirin antimicrobial peptides. Protein Eng, 15 (3) : 225-232.

Simmaco M, Debiase D D, Severini C, *et al.* 1990. Purification and characterization of bioactive peptides from skin extracts of Rana esculenta. Biochimica et Biophysica Acta (BBA) -General Subjects, 1033 (3) : 318-323.

Simmaco M, Mignogna G, Canofeni S, *et al.* 1996. Temporins antimicrobial peptides from the European red frog *Rana temporaria*. Eur J Biochem, 242 (3) : 788-792.

Song Y S, Hahm K S. 2004. A short α-helical antimicrobial peptide with antibacterial selectivity. Biotechnology Letters, 26 (9) : 735-739.

Suzuki S, Ohe Y, Okubo T, *et al.* 1995. Isolation and characterization of novel antimicrobial peptides, rugosins A, B and C, from the skin of the frog, Rana rugosa. Biochem Biophys Res Commun, 212 (1) : 249-254.

Wang D, Ma W, She R, *et al.* 2009. Effects of swine gut antimicrobial peptides on the intestinal mucosal immunity in specific-pathogen-free chickens. Poult Sci, 88 (5) : 967-974.

Wu M, Fan M H, Liao Z, *et al.* 2010. A preliminary analysis on the construction and expression of eukaryotic expression vectors of mytilin and myticin from *Mytilus coruscus*. Agricultural Science and Technology, 11 (7) : 72-75.

Xu X X, Jin F L, Yu X Q, *et al.* 2007. High-level expression of the recombinant hybrid peptide cecropina (1-8) - magainin 2 (1-12) with an ubiquitin fusion partner in *Escherichia Coli*. Protein Expression and Purification, 55 (1) : 175-182.

Zasloff M. 1987. Magainins, a class of antimicrobial peptides from Xenopus skin: isolation, characterization of two active forms, and partial cDNA sequence of precursor. Proceeding National Academic Science, USA, 84 (15) : 5449-5453.

Zasloff M. 2002. Antimicrobial peptides of multicellular organisms. Nature, 415 (6870) : 389-395.

Zhou J, McClean S, Thompson A, *et al.* 2007. Purification and characterization of novel antimicrobial peptides from the skin secretion of *Hylarana guentheri*. Peptides, 27 (12) : 3077-3084.